博碩文化

天工開畫

專業級電繪全技

解

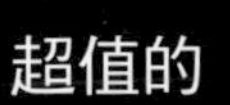

著 曹傑凱 Kai

作　　者：曹傑凱
責任編輯：賴怡君

董 事 長：蔡金崑
總 編 輯：陳錦輝

出　　版：博碩文化股份有限公司
地　　址：221 新北市汐止區新台五路一段 112 號 10 樓 A 棟
電話 (02) 2696-2869　傳真 (02) 2696-2867

發　　行：博碩文化股份有限公司
郵撥帳號：17484299　戶名：博碩文化股份有限公司
博碩網站：http://www.drmaster.com.tw
讀者服務信箱：DrService@drmaster.com.tw
讀者服務專線：(02) 2696-2869 分機 216、238
（週一至週五 09:30 ～ 12:00；13:30 ～ 17:00）

版　　次：2018 年 10 月初版一刷

建議零售價：新台幣 380 元
I S B N：978-986-434-334-8(平裝)
律師顧問：鳴權法律事務所 陳曉鳴

國家圖書館出版品預行編目資料

天工開畫：專業級電繪全技法超詳解 / 曹傑凱著.
-- 初版 . -- 新北市：博碩文化 , 2018.09

面；　公分

ISBN 978-986-434-334-8(平裝)

1. 電腦繪圖 2. 電腦動畫 3. 繪畫技法

312.86　　107015299

Printed in Taiwan

商標聲明

本書中所引用之商標、產品名稱分屬各公司所有，本書引用純屬介紹之用，並無任何侵害之意。

有限擔保責任聲明

雖然作者與出版社已全力編輯與製作本書，唯不擔保本書及其所附媒體無任何瑕疵；亦不為使用本書而引起之衍生利益損失或意外損毀之損失擔保責任。即使本公司先前已被告知前述損毀之發生。本公司依本書所負之責任，僅限於台端對本書所付之實際價款。

電繪 / OPEN

這會是一段愛與勇氣的大冒險
你準備好了嗎？

陸等美術設計有限公司　陳大哥 & 思璿老師

我的修練起點

這本書，是一邊笑一邊看完的，一本技術教學書籍居然可以讓讀者心情快樂呢。

距離上次與傑凱見面又過去了半年一年了，聽他說在教學生、聽他說在攝影、聽他說東跑西跑，但最有印象的還是以前看他繪圖以及製作紙模型的時候了。

傑凱的立體觀念很強，所以總能夠捏製出細膩與張力十足的立體生物模型，當時想他有一雙巧手；然後看他在學習中不斷的一張又一張素描、電匯的繪圖稿，又想：他有一顆很認真追求繪圖的心，抱持著這顆心，一定可以走很久很遠吧。果然，出書了，恭喜恭喜啦（心）。

這本書，是給想學習電繪技巧與一些基本繪圖觀念的極佳書籍，大多數老師的教學書籍都是從一個老師如何教學的角度撰寫；但傑凱的這本書卻是較少見的首先考慮到一個初學者，教學示範的過程同時提點了很多在學習中可能發生的錯誤路徑，讓讀者在觀看的過程中發出會心的笑容，風趣的言詞也拉近讀者與作者的距離，如果想在輕鬆愉快的心情下學習電腦繪圖的基本知識與技巧，就不要放過這本書。

為藝術而生　孫徽之　帥哥老師

由 Kai 老師所出的這本電繪書籍，很值得讓有心想學電繪、又喜歡看動漫、畫動漫的閱讀者。該書籍裡的內容步驟非常清楚，且教學方式也非常口語化，使初學者能淺顯易懂的快速跟上。另外 Kai 老師也依他電腦繪圖的經驗過程告訴讀者們，避免在繪圖上碰到一些不必要的使用時間，且用了幽默有趣的提醒分享給大家，內容充滿許多與手繪相關的技法，也包含場景、色彩、光影、線條、質感等運用，有好玩的心態就能創造更多的作品，是本值得推薦給喜愛繪畫又想學電繪技法的愛好者，讓興趣的產生，把技法帶入你的創作之中吧！

自由接案設計師　You ZI　永遠現役

此本書將章節以淺顯易懂的方式明確帶入數位繪畫中，從使用的工具與軟體到了解各種數位繪畫的技法與原理，非常適合想接觸卻不知從何開始的初學者。當我知道 Kai 要寫書時，大概都是滿滿的黑人問號，翻閱過後可以感受到 Kai 的用心，數位繪畫有趣的地方不再於你很會使用軟體，是你可以呈現心裡所想的畫面，好玩正是他想傳達的理念，想畫點有趣的嗎？那就不訪來看一下吧。

現役遊戲美術人員　弦月　未來的謎本王

此本『天公開畫』推薦給還未學過電繪或是已經學過想了解更多的您，本書利用了幽默逗趣的寫法帶您一步步的從頭了解電繪的各個種技巧，如色彩，光影，風格差距等等，內容中也包含了很多實用撇步讓閱讀本書的您能夠事半功倍的學習。說到這裡，Kai 學長你把這麼多私房技巧寫出來真的好嗎！？身為一個碰電繪好幾年才會點皮毛的人，看到內容都不禁開始冒冷汗了呀！

關於我自己，我是這麼說的

從前有人說，我對於一件事，使用「好玩」這個詞十分輕浮不莊重。嘿！世界上的遊戲人，必定都會探研遊戲概論這門學問。這裡面有本入門書厚達千頁，裡頭只討論一件事，叫作遊戲性。你說遊戲性是什麼意思？我總結告訴你，就叫作「好玩」，它是遊戲的核心。

遊戲中會不會有難關、失敗、複雜？答案是肯定的。但是為什麼人們願意花時間去挑戰，去戰勝？在眾多的原因中，我想最大的因素就是熱情了。因為好玩，所以產生熱情；也因為熱情，覺得好玩有趣。面對遊戲中的困難當然會有情緒，但是你知道這是遊戲，所以不會過度執著。相反的，還可能會激發出更多的勇氣與智慧，想要一次次地挑戰強敵，自我提升。因為熱情、好玩讓人願意投入，精益求精。反觀推動時代的關鍵者，你也可以看出這一特點。唯利是圖的人不一定成功，但是洋溢熱情的人未曾失敗。我的意思是，時時進取突破的人，會挫敗一時，但絕不會留在困境。

大家都會說戲如人生，遊戲不也是這樣嗎？那麼問題就嚴肅了，你對你的人生是否感到有趣好玩，洋溢熱情。你對人生的態度，是否樂於努力征服挑戰，精益求精？

我的老師成佛已久，祂流下來的修行法門叫作「遊戲三昧」。期許我們向善、精進、懷抱熱情與理想，總的來說就叫作赤子之心。而用我的話來講，就是成為「好玩」的人。這讓我們可以一次次的蛻變，成為更加接近理想的熱情猛士，光是活著，就能帶給身邊的人溫度。而不是成為屈服於現實生活之下的虎狼，無溫度的活，最後庸碌地死。因此，別再把你對犯罪的臆測，摻和我的「好玩」裡！這座神聖的殿堂，不容你放肆！

熱情與有趣，給了我們神通力的種子，能將理想塑形使之成為現實，這不就是佛家說的慧力嗎？由此我們又知道，「好玩」裡面還要有著執行的力量，只作作白日夢是不行的。「好玩」就是我對於事物的最高評價，它象徵的不只是一種理念、精神、態度、成就。更重要的是，它也意味著

凡事將變得更好的可能性。

不論你認不認同我剛剛放的屁，你都要知道，生活不是只有一種模式，一種態度。我向你展示的，只是另一種生命的可能性。我願意並努力成為一個「好玩」的人，因為我知道我將與我同在。

那麼問題就剩下，你是個「好玩」的人嗎？

天工開畫

第一章 - 電繪工具與軟體
Electronic Painted Tools

第二章 - 各電繪技法速解
E - Painted Techniques

第三章 - 灰階技法速攻略
Grayscale Technique

第四章 - 動漫技法速攻略
Celluloid Technique

第五章 - 水彩技法速攻略
Watercolor Technique

第六章 - 厚塗技法速攻略
Impasto Technique

第七章 - 混合技法速攻略
Compound Technique

NEXT

第一章 - 電繪工具與軟體

Electronic Painted Tools

燃燒繪畫魂，築起繪師夢
你是認真的嗎？

繪圖板

要進行電繪，首先要有一組繪圖板（含筆）。它能模擬紙筆繪圖，幫助我們駕馭鼠標作為畫筆，當搭配專業繪圖軟體作畫時，可以實現像在現實手繪一樣，線條會因為力道而有深淺粗細的變化。

一、繪圖板挑選

目前繪圖板的大品牌是「WACOM」，職人繪師們也多會說我用「WACOM」的板子，因此 WACOM 也就成了繪圖板的代名詞。

早期 WACOM 的繪圖板有許多的系列型號，例如 Bamboo、Intuos 等等。在挑選上令人不知該如何入手。因此 WACOM 公司便重新整合，把設計用途和非設計用途的產品，依照名稱做出區隔。好讓大家可以一目了然，能依照自身的使用需求來選購。

整合後的新繪圖板系列分別為：適合一般使用者的 Intuos 系列，以及專業繪圖人士的 Intuos Pro 系列，而兩者最大的差異在於「傾斜感應」上。也就是在下筆和收筆的時候，線條的粗細變化以 Intuos Pro 系列的較為細緻平滑，對於畫圖的人來說手感上真的差很多，尤其是當你使用 Painter 這套繪圖軟體時。

其次，最多人想問的問題就是，到底要買大版子好，還是小版子好？我只能跟你說，順手的最好。如果你真的還是想問，那麼以下歸納幾點心得與大家共同分享：

1. 看用途：如果只是用來修圖，那就買最小的 Small（4 X 6）就好了。

2. 看螢幕：如果你的螢幕尺寸大於 20 吋，那就不建議選 Small（4 X 6）。在細部修整時，你會因為比例差異時常需要放大或縮小，這時就建議你使用 Medium（6 X 9）。

3. 看習慣：假使你享受大筆揮毫、畫到出汗的感覺，而且剛好螢幕也夠大，那麼你可以考慮 Large（8 X 13）。相反的，如果你跟我一樣，畫圖時不想動用到手肘以上身體關節時，就不考慮這個尺寸。此外，大尺寸的板子，在修細部時也相對的好使。

二、繪圖板保護

我常看到許多學生很疼惜繪圖板，下筆的力道就像在搔癢一樣。其實大可不必擔心，繪圖板是很堅固耐操的。我自己的 WACOM Intuos 3 活了 7 年之久，期間在它上面擺字典、教科書，放筆電都是常有的事，也不見它鬧罷工。直到那一天，我不小心餵它喝了一杯水……。

只要正常使用，繪圖板都不會隨便損壞的，不要像我一樣餵它喝水就沒事。而要攜帶移動的朋友，依然要小心碰撞，建議準備一個防撞套收納才安心。

耐衝擊收納套

三、繪圖板適應

剛接觸繪圖板的朋友，可能會有兩個主要問題，一個是手眼協調問題，另一個是筆頭很滑。

大部分的繪圖板本身，並沒有用來顯示電腦畫面的螢幕。於是在使用時，就必須手在板上畫，眼睛盯螢幕。因此，第一次使用繪圖板的人需要一段時間，來調適手眼協調。短則一天，長則數週，這種情形就像學騎腳踏車一樣，多練習就能靈活熟練。

繪圖板面的光滑，也會讓新手難以招架。我的做法是，在繪圖區域加上一塊略粗的保護墊（或膠片），並以紙膠帶固定。一方面增加摩擦力，讓筆頭不會這麼滑溜；另一方面則是保護繪板不會磨損。

繪圖軟體

有了工具，接著就是要挑選一套適合自己的軟體。在此之前，請先檢查自己的電腦配備是否到達建議規格，尤其是處理器、記憶體、繪圖卡這三個項目。

一、軟體介紹

在業界中，繪師們常用的繪圖軟體依愛用順序，由左至右排列，有以下幾種系列：

1. SAI：簡易精巧該有的都有了，只要用過就回不去，堪稱繪圖神器。因應新的作業平台，目前已更新到第二代

2. Photoshop：功能眾多而強大，加工的樣式非常多，有許多其他軟體所沒有的功能，而且筆刷可依使用者需要作細部調整，歐美的繪師們愛用。

3. CLIP STUDIO PAINT：專為畫漫畫而生！有許多專用於漫畫的功能與快速筆刷，還可以畫動圖。在更高的版本中，甚至還有人體模型可供繪師參照動作。

4. Painter：模擬現實手繪中的各種筆刷，是筆刷種類最多的一個軟體，而且可依使用者需要作筆刷的細部調整。

二、軟體使用

不論你選擇以上哪一種的軟體，要靈活使用來進行各種技法的繪製，你都必須找到已下五種功能：

1. 畫布：讓你設定繪畫區域的尺寸、解析度。附帶一說，解析度的設定可不是越高越好唷！你還得要顧慮到你的電腦效能，你總不希望畫到一半發生無法挽回的悲劇嘛，對吧！一般我自己會習慣把解析度設定在 150 - 300。

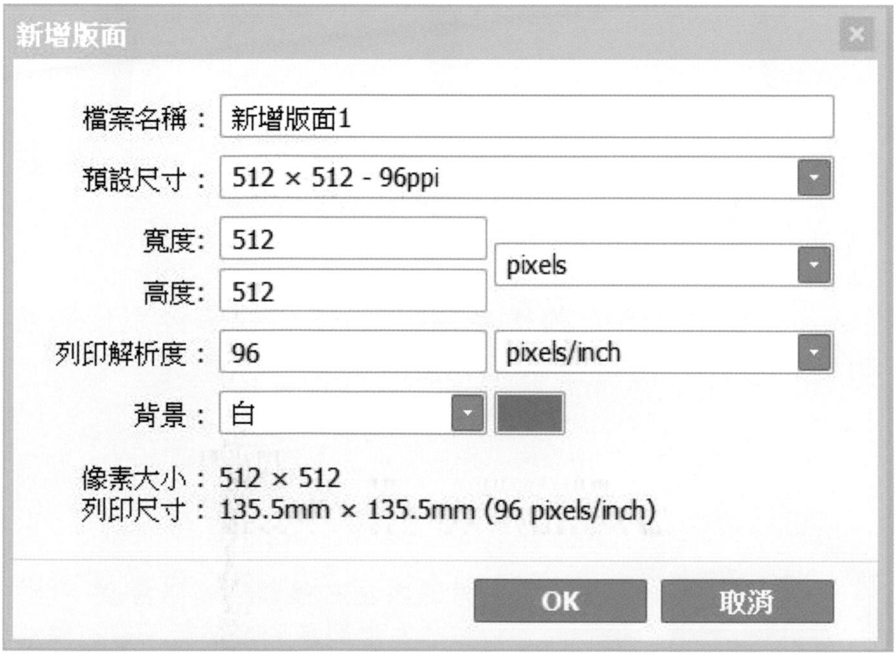

新增版面

檔案名稱：新增版面1
預設尺寸：512 × 512 - 96ppi
寬度: 512
高度: 512
pixels
列印解析度：96 pixels/inch
背景：白
像素大小：512 × 512
列印尺寸：135.5mm × 135.5mm (96 pixels/inch)
OK 取消

2. 筆刷 / 擦子：表現方式建議要由軟到硬至少各三種，通俗的說法就是有柔邊到沒有柔邊。此外，它必需要能判斷你下筆的力道，也就是筆壓。

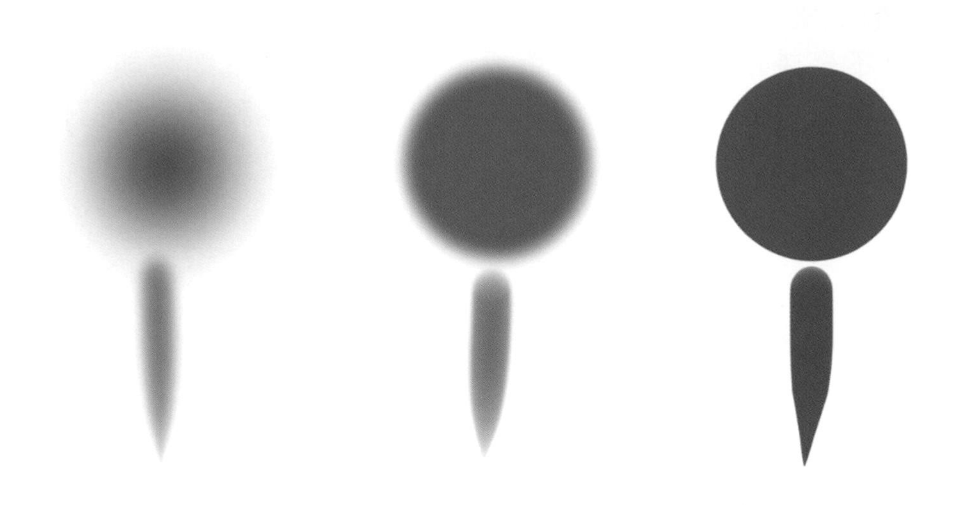

3. 色彩：能使用 HSV 的檢色系統。HSV 依序分別代表色相、飽合度、明度，也有人說是色系、彩度、亮度，意思是一樣的。

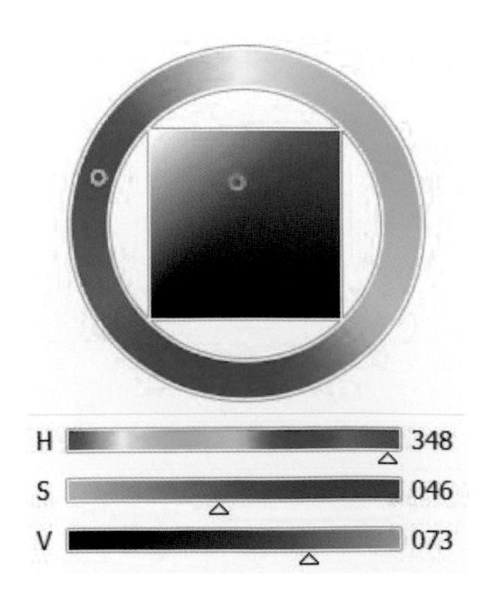

- 外圈控制色相，也就是 H 值。
- 方塊內左右移動控制飽合度，也就是 S 值。越往左邊顏色彩度越低，最後變成黑白灰階；而越往右邊，顏色就越鮮豔。
- 方塊內上下移動控制明度，也就是 V 值。越往上移顏色越亮，明度越高；越往下越暗，最後變成黑色。有時候 V 也會寫成 B 或 L，一樣代表亮度。

4. 圖層：基本圖層功能之外，還要具備圖層的混合、透明度控制、遮罩，這些常用的功能。

5. 材質：作出假細節的重要關鍵，讓你畫出來的線條能夠帶有不同材質的紋理。

不帶材質　　加入材質

材質真面目

NEXT

第二章 - 各電繪技法速解

E - Painted Techniques

灰階、動漫、水彩、厚塗
、混合技法

電繪基礎

在進入電繪之前，有一些基礎知識是需要先具備的，這樣等到萬事具備換你上場時，才不會心慌慌膽顫顫。

一、繪畫的重點

素描是一切繪畫的基礎，也是電繪技法之中「灰階技法」的核心所在。素描要畫得好，就要掌握住它的三大重點，其他的部分都可視為個人風格而有所變化。這三個重點分別是「控形」、「光影」以及「漸層」。

「控形」所講的不只是造形、結構層面，更多的是基礎的線條層面。你畫出來的線條中，直線就是直線，弧線就是弧線，不抖動不偏移，也沒有毛毛線（兩線段接合不佳的情形），而且可以做到一筆到位，這樣才是合格的控形唷！在手繪時看似沒什麼大困難，但在電繪板上可就要大家仔細琢磨啦！有同學會說，啊我就用貝茲曲線或鋼筆圖層就好了呀！喔……好喔！你就用那個上色呀~

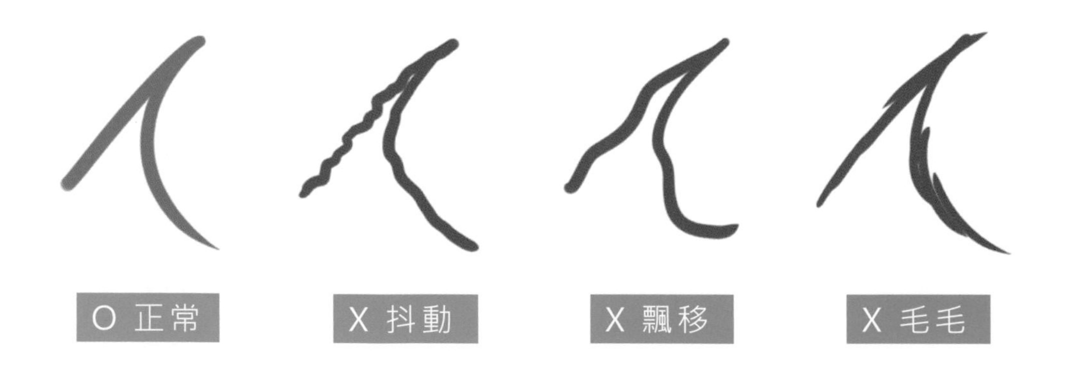

有些快樂伙伴可能會想發問了，那有沒有什麼辦法能夠訓練我的現條呢？有的，請用電會版來寫書法字，行書、楷書、篆書隨便挑，等到寫得一手好字的時候，就是你羽化登仙的時候了！

講到「光影」大家就不陌生了，不外乎就是光從哪裡來，陰影在哪裡的問題。當光越強，陰影就越濃；兩物體越相近，影子就越清晰。

而提到光影，就不得不說到「對比度」。畫面中最亮的區域和最暗的區域相差多少，這就是對比度。如果你畫的是夏日的艷陽正午，這時後陽光很強大，影子也就越濃（黑），所以對比度高。又如果你畫的是陰雨綿綿的冬日午後，陽光不強烈，影子也不深，整個世界看起來灰灰濛濛，這就是對比度低。所以在畫圖之前，繪師們必須先預設整張圖的光從哪裡來，照到哪邊又有多強，拿捏好分寸再下手才不會越畫越杯具（悲劇）。

為了幫助自己能夠抓到光的基礎調子，部分繪師們會習慣先將背景打灰，再加上光源。至於要用幾度灰（某大手愛用說法XD），則要看你畫的內容是怎樣的環境，到底是夏日的艷陽正午，或者是陰雨綿綿的冬日午後來決定。如果是前者，那麼就會用稍亮的淺灰；如果是後者，則會偏暗。

就像前頁中的圖那樣，打上適當的灰底，然後大致描繪一下光從哪裡來、強度如何，完畢後就可以開始著手繪畫囉！附帶一說，灰色的底不會像白色底一樣，讓人畫久了會感覺到刺眼，在某種程度上也能算是保護眼睛吧 XD

掌握好這幾個重點後，就剩下「漸層」的問題了。關於這個部分，我只能很不負責任的說，多練習就對了！從亮漸層到暗，或從暗漸層到亮，你要畫到天衣無縫完美漸層，尤其是畫光滑表面的時候更需要如此，例如說嬰兒的小屁屁，你要是沒有處理好就可能會出現瘀青，會有家暴嫌疑唷！

一邊練習一邊調整筆刷，試著把漸層抹到非常平均。

二、軟體基本認知

不管你用的是什麼軟體，「圖層」、「透明度」這兩個通用功能是作畫中一定會用到的，所以各位大大必需要靈活運用，求你惹 OWQ

以下是「圖層」的看圖說故事時間~

這是圖層一

這是圖層二

請問各位聰明的外樂夥伴們，圖層一在下面圖層二在上面，將兩者疊起來的話，會變成什麼樣子？是不是應該會變成這樣，看來大家都答對了呢！（大概 ...）

那麼，好端端的為什麼要拆成兩層呢？一層就好畫到好、畫到滿不可以嗎？當然也可以，如果你真～的想要這樣正面硬肛，那我接著問你的問題，一定會讓你覺得非常棘手。假設我不想要藍色燈泡，想換成黃色甚至想要作成七色渲染的呢？喔！你不就閃那個黑邊框線閃到飆淚？所以啦，拆開來處裡永遠是最方便快速的方式，這可是電繪才有的唷！當你一週畫一張圖，隔壁的好同事一天可以生產一張，你要能想像老闆關愛的眼神，還有我曾經的溫馨提醒，拆～開～來～

想怎麼換色就怎麼換，大膽地畫在圖層一，完全不需要擔心會畫到圖層二，瀟灑暢快。

緊接著是「透明度」的看圖說故事時間～我們以馬賽克（棋盤格）來代表透明沒有任何東西的區域，也就是新增的圖層。然後在上面畫出 A 色塊，如你所見是不透明的。接著再畫出 B 色塊，如你所見是半透明的。

清楚了以後，就要來介紹一顆功能按鈕，開啟後能鎖住你曾經在圖層上畫過的地方，讓你不會畫到沒畫過的區域（也就是馬賽克呈現的透明區域）。這個功能在不同的軟體有不同的名字，有的叫做「保存透明度」，有的叫做「鎖定透明像素」，位置都在圖層面板上，功能都是一樣的。

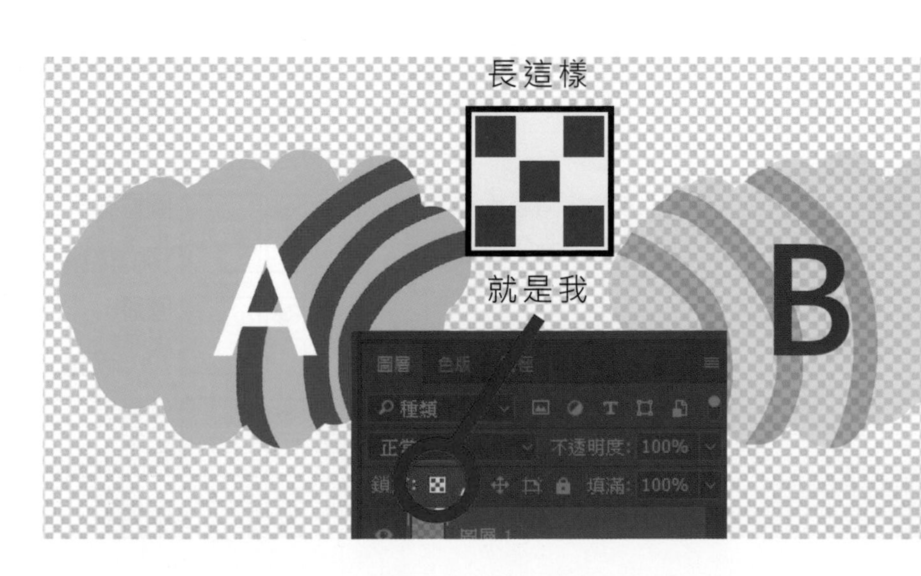

以上都是在畫圖的過程中，一定會用到的兩個功能。而當你在繪畫的過程中，有畫不出任何東西的症頭時，請優先檢查以下項目，做疑難雜症的排除：

1. 是不是畫錯圖層。
2. 上面有其他圖層蓋住你正在畫的圖層。
3. 複選了許多圖層、或點選資料夾
4. 保存透明度的 On / Off
5. 其他（什麼電繪板沒插、顏色等於圖層的顏色、軟體當掉……）

保護不透明度 剪下圖層
指定選取來源
圖層 1 正常 100%
圖層15 覆蓋 45%
圖層14 正常 100%
圖層13 色彩增值 100%
圖層4 正常 100%保護
圖層5 正常 100%保護
圖層6 正常 100%保護
圖層3 正常 100%保護
圖層7

電繪技法

在電繪技法中，可以大略分做「灰階技法」、「漫畫技法」、「水彩技法」、「厚塗技法」四種典型。最後還有一種「混合技法」，這才是王道！

一、灰階技法

念過藝術學院或設計學院的同學們一定知道，素描是一切繪畫的基礎，所以剛入學的菜鳥們一定會先讓速描折騰個死來活去。但是辛苦不是白費的！灰階技法的成功正是建立在強大的素描功力之上。在繪畫的時候先畫好素描，接著再進行上色，如此一來就可以更專心地處理造型、光影的佈局與規劃，唉？你說速描要畫到什麼程度才算合格呀？我想跟我一樣就差不多了吧（如下圖），我很弱小的真的 QWQ

許多初嘗試灰階技法的朋友，總是會著急著想要一（ㄍㄢˇ）次（ㄎㄨㄞˋ）畫（ㄅㄞˇ）好（ㄊㄨㄛ）素描的部分，No No No ~ 畫圖沒有那種一次到位的事情。電繪與手繪不同，可以透過圖層的堆疊來達到理想的效果。

這不是什麼麻煩事，而是能幫助我們分開去作調整。天曉得你會不會畫一畫又有天外靈感撞進腦袋，讓你想要改變畫作呢？所以適當的拆分圖層才會讓自己好做事，也能提升繪畫速度。什麼！你不相信？沒關係你慢慢看完就能理解我的苦心 XD

上色前

上色後

二、動漫技法

每當進度推進到這個部分，大家就會很開心，滿心只有萌妹子和萌正太，不好意思你這樣很不行唷！依法五年以上最高死刑！別怪人家沒提醒你（扭

啊不是，說到哪兒去了，我的意思是大家都很開心可以擺脫速描了。但是，事情永遠沒有這麼簡單，你怎麼可能擺脫速描呢？你個小 O 瓜～

我們都知道俗稱的動漫技法，最主要的部分就是賽璐璐風格的呈現。陰影區域要怎麼切割，顏色要如何選擇，這些部分更加考驗對「控形」以及「光影」的判斷，也就是速描啦！

更別提脫離賽璐璐片走入電繪之後，開始會去作底色的渲染、多層次的陰影、埋色技巧，以及和水彩技法作結合，這些無不在考驗著繪師們，腦內光影判斷系統的軟體版本。

三、水彩技法

傳統手繪的水彩繪畫中，我們用水來調合色彩、控制濃淡，以及作出渲染。進入了電繪的世界後，我們有了新的操作方式，什麼意思呢？當然是因為不可能用水去潑螢幕嘛！啊不對，不是這樣的……。

在電繪的水彩技法中，提取出傳統手繪技法裡的重疊、縫合、渲染三種技法。要達到此三種效果，就必須要透過圖層的堆疊、調整透明度、柔邊軟筆刷，三者互相搭配使用，就能得到理想的呈現方式。

至於使用 Painter 繪圖的朋友們，要不要特別去使用水彩筆刷則是見仁見智。我自己是不會去使用的，尤其是前面灌有「仿真」兩字的任何刷頭，我想你們懂的（笑）。

在水彩技法中，延伸出了一個電繪技法中很重要的概念，就是「埋色」。埋色可以說是電繪所特有的處理方式，能對整體色調作出調整，也能單獨對光亮區域，或是陰影區域作出調整，讓畫作整體的色彩表現更加豐富且立體，熱愛電繪的你怎麼能夠錯過呢？

四、厚塗技法

爽感度爆表的表現技法，首先把顏色選好，然後全部砸上你的畫布，接著塗塗抹抹讓顏色出現在應該在的位置就差不多了！而且厚塗有個小訣竅，就是越髒越有味道！

既然說是直接把顏色砸上去，那麼顏色的選擇就很重要，塗上去才會有正確的光影變化。而關於這部分呢，一定要先來說一下。光是有顏色的（RGB），影子當然也是有顏色的。所以請不要再隨便地使用黑色來畫影子……

不要隨便用黑色畫影子！
不要隨便用黑色畫影子！
不要隨便用黑色畫影子！

Hen 重要，所以要說三次。就算是大師卡拉瓦喬人家也只是背景塗黑，沒有用黑色畫陰影的啦！

而厚塗要抹得漂亮，除選色之外，筆刷的控制也很重要，你才會疊出真的厚實的感覺，不會讓人家詬病，說你的畫有一種濃純香的「電繪感」。

五、混合技法

當你熟悉以上四種經典款，所有技法了然於胸之後，你就能~~羽化登仙~~開始依據你所想要的效果，分解並組裝各種技法，走出一條屬於你自己的SOP！誰說灰階不能混厚塗，動漫不能混水彩，完全沒有問題！

技法間互相搭配，也就產生了更多的變化，就算畫一樣的東西，也會有截然不同的詮釋手法，我想這就是個人風格了，期待大家都能成為一個有個性的繪師！來什麼畫什麼，畫什麼像什麼，作品中都有自己的影子。

NEXT

第三章 - 灰階技法速攻略

Grayscale Technique

繪製基礎、明暗對比、分層加強
灰階技法 / 學光影

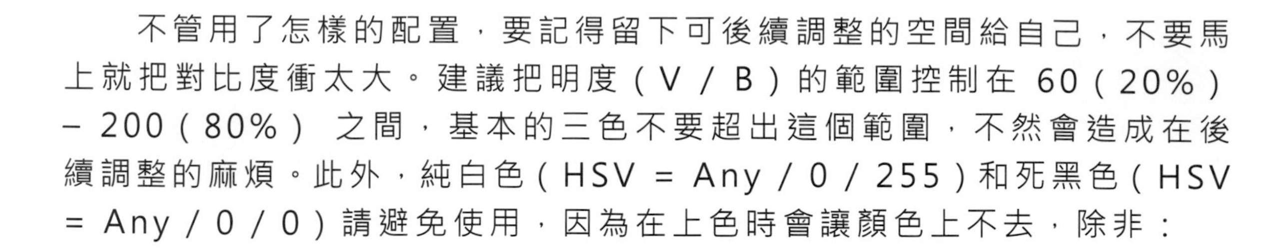

不管用了怎樣的配置，要記得留下可後續調整的空間給自己，不要馬上就把對比度衝太大。建議把明度（V / B）的範圍控制在 60（20%）– 200（80%） 之間，基本的三色不要超出這個範圍，不然會造成在後續調整的麻煩。此外，純白色（HSV = Any / 0 / 255）和死黑色（HSV = Any / 0 / 0）請避免使用，因為在上色時會讓顏色上不去，除非：

物體本來就是白色，而且處於極度光亮的環境中（曝光）
物體本來就是黑色，而且處於極度陰暗的環境中（無光）

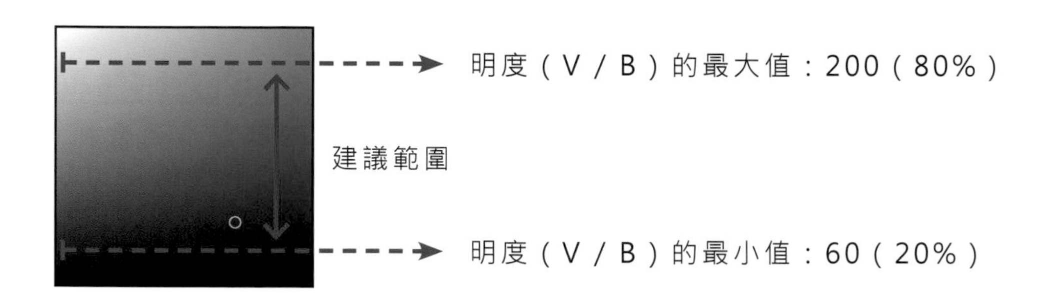

在後續的繪製中，開始加入色彩時，也建議依照著這個邏輯進行選色。在後面的章節中，會再與各位小夥伴作分享。

抓好基本色之後，各位準繪師、未來的大手們請養成好習慣，要開色票。開新圖層，把色票畫上去，然後置頂放在所有圖層的最上面。不然你以後上哪兒吸取原來的那個顏色呢？我才不信你會用可愛的小筆記本，在上邊記錄各顏色的 HSV 數值，別騙我！我不會上當的！

在開立色票時，請注意不要開出半透明的色票。雖然聽上去是很呆呆的問題，不過請自己檢視，你正用哪支筆刷開色票，它的濃度（流量）、透明度是不是全滿的。課堂中，就是會有這樣的小可愛 XD

前置作業的最後，就是拆圖層和畫剪影了。拆圖層我們都知道，就是前面的燈泡問題。你得先把可能會不小心撇到的地方，拆到另一個圖層去，再進行之後的繪製。

而畫剪影則是我自己在作畫中，長久以來的心得。你早晚都是要把畫超出去線稿的地方給擦乾淨，那為什麼不一開始就做好呢？神馬意思？意思是畫完剪影後，你就能開啟前面介紹過的功能，保存透明度（鎖定透明像素）。

開啟之後，你當然怎樣都不可能畫超過這個剪影的範圍。或者是，你乾脆把這個剪影當作遮色片使用，效果也是一樣。這樣的好事趕快學起來吧！這絕對能減輕手殘帶來的修修改改、時間花費，豈不美哉~

二、筆刷調整

每一種筆刷都有其適合的表現技法，我發現許多萌新們之所以畫不好圖，其實有部分原因是筆刷設定不順手，或是根本選錯了筆刷。~~舉個栗子~~你何苦委屈蠟筆作出水彩的渲染質感呢？

筆刷的控制選項中較常見、通用的包含有：透明度、濃度、混色、水分量、色延伸、軟硬、散佈、材質（後續再議）。

如果你不希望一次把顏色畫好畫滿，那麼你就需要降低透明度、濃度的數值。在 這樣的調整下，可以用來表現乾刷的技巧，也可以產生透明水彩的層次感，能夠一筆筆一層層地把顏色疊上去。

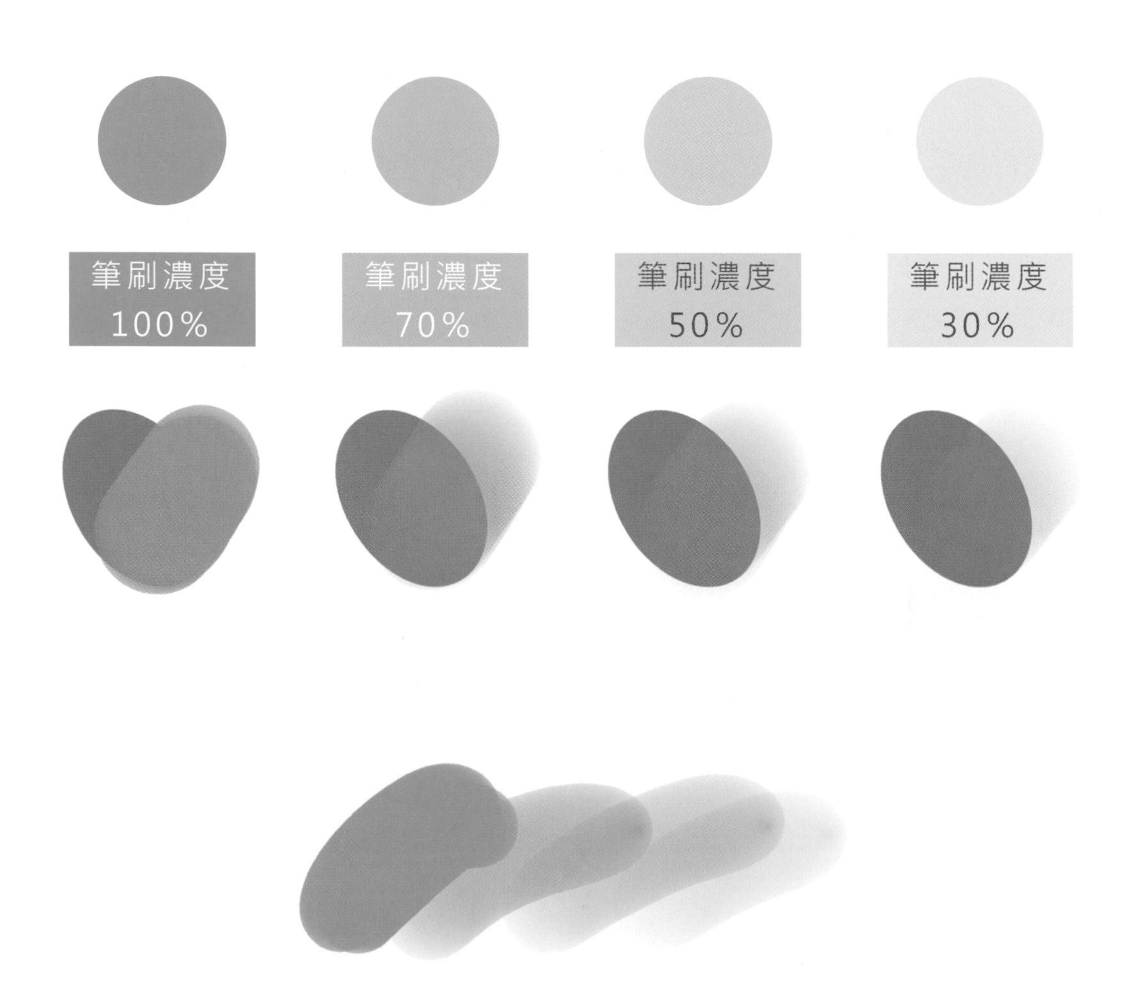

在畫水彩時，我們會加水讓顏色產生濃淡的變化，而在電繪中的調整就可以依靠水分量這個筆刷調整項目。在不更換顏色時，數值越高畫出來的顏色越淡，也會變得越透明；數值越低則相反。當然，你也可以選擇直接更換顏色。通常水分量不會單獨出現，一般會搭配混色、色延伸兩項目一起調整，不然會變成顏色淡化卻不能與其他色彩相融合的樣子。

混色、色延伸兩項目則決定不同的顏色之間是如何的進行相融合，兩者有些細微的差異，大家可以看圖觀察。混色指的是兩顏色的混合，而色延伸則和下筆時所點到的顏色有關。有些軟體將這兩個項目整合成一個功能，方便大家使用。

筆刷混色：100%
筆刷色延伸：0%

筆刷混色：0%
筆刷色延伸：100%

接下來就是筆刷的軟硬問題了，~~身為一個男子漢，~~這個軟硬的問題就很重要了！指的其實就是筆刷的羽化柔邊這件事。當要畫剛猛的風格，或需要俐落的筆觸時，筆刷就要硬。而當要畫出柔和的效果，或是要做出天衣無縫的漸層時，筆刷就要放軟。

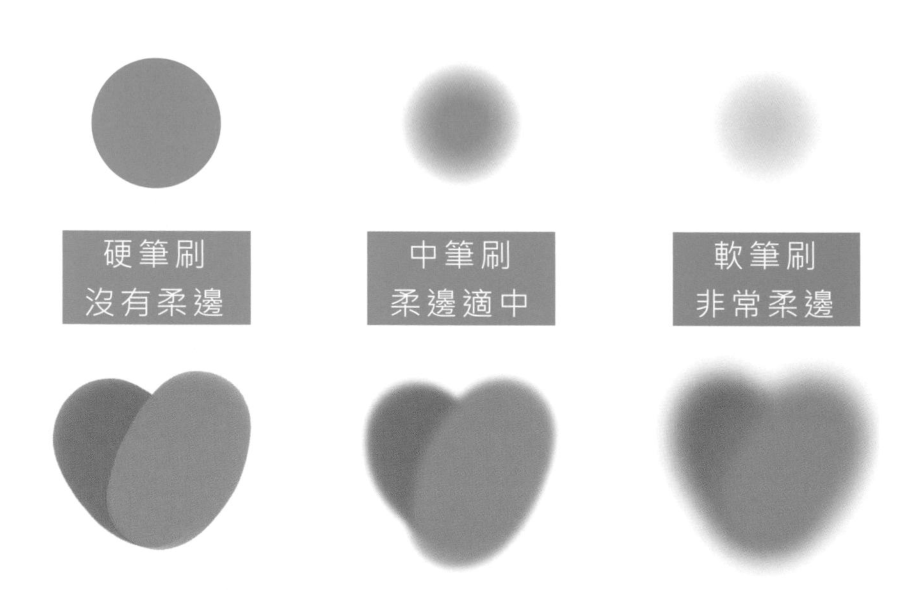

習慣的同學馬上就能知道，透過以上幾個項目的調整，是完全可以一隻畫筆打天下的。Painter 這套軟體裡面的混色筆，則見仁見智。它很好用，但總是希望能不去依賴它，鍛鍊出自己的硬底子。

三、第一層 / 基底三色速描

來吧！灰階技法的第一層，當然是要畫素描的嘛！用的就是前面抓出來的基本三灰（色），代表亮光處、中間調、陰影處。注意！只用這三色！準備好一個全新的圖層（不要畫在背景！！），馬上帶大家飛高高~

圖層順序

上面圖層 蓋下圖層

色票
線稿

拆分出來的輪廓_1（三色素描）
拆分出來的輪廓_2（三色素描）

灰底

畫圖的過程從粗略到精修，一點點建構出完整的樣子來，穩扎穩打欲速則不達。把剪影用中間色填滿後，筆刷放大調軟並選用陰影色，掃出概略的陰影區域。在這裡只是起步，還不需要非常精準，但是要能正確的判斷。腦內光影判斷系統版本需要升級的小夥伴，請趕快～

完成初次掃過後，就能換上稍硬一些的筆刷，開始雕琢主體細節。在這一步裡面，除了原本的中間色、陰影色之外，也能開始加入亮色繪製，但是一樣只有這三色。

在開始精修時，就要注意囉！江湖一點訣，秘密在這裡。光影可以大概分成兩種：

1. **細部光影**：小部件本身的光影變化，或小部件彼此之間交疊而產生的光影變化，屬於局部性的。

2. **整體光影**：整個主體的光影變化，屬於整體性的。

在這步驟中，你要畫的光影更偏向前者。

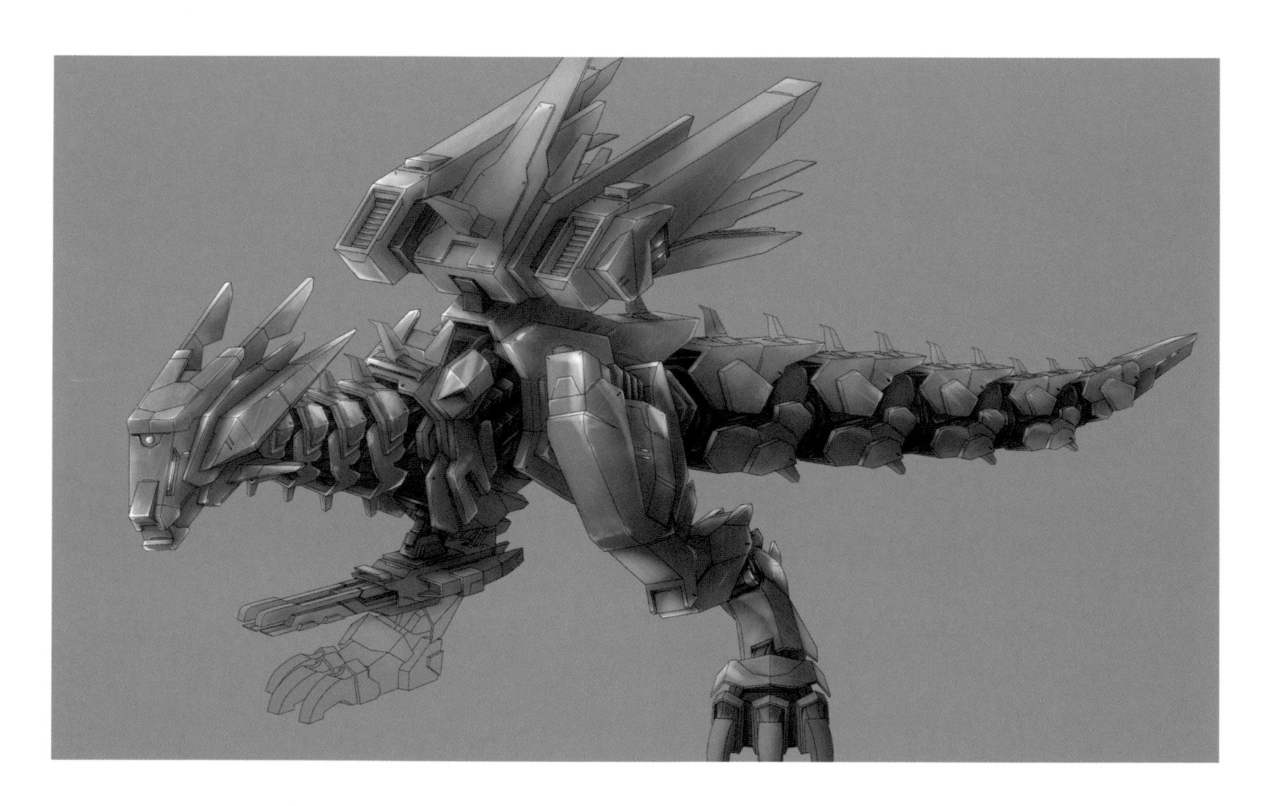

什麼意思捏？我們用上圖來舉例。你看到裝甲間、斷差、自身結構所形成的陰影，就叫作細部光影，是局部性的。而整體來看，你也可以發現前半身比較亮，後半截比較暗；上半部亮，而下半部暗，這一些就是整體性的影響，這就是整體光影。

在繪製時，我們可以把這兩種陰影，拆開成兩個圖層來畫。在繪製的過程中就可以比較直覺，不用立即顧慮太多因素。

另一個重點是，當我們把紅色、綠色、藍色這三個純色去飽合度轉成灰階後，你會發現它們的明度（V / B）會減半，但是三個顏色的明度卻是一樣的。

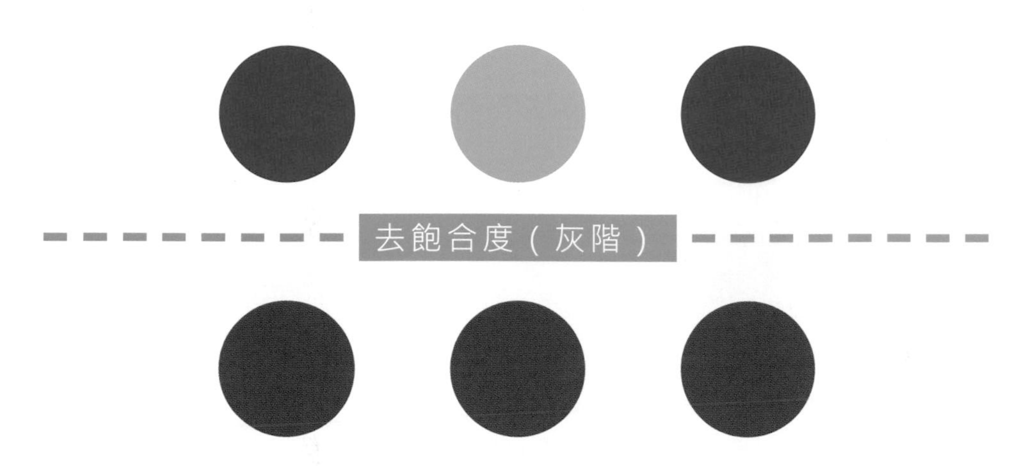

魔鬼就在細節裡！灰階技法中的顏色是另外處理的。這意味著在畫灰階素描的時候，你要畫的只有光影變化而已。所以別因為你要畫的物件是深紅色，所以你就刻意用了很深的灰色去畫。那我可以預先告訴你，在之後上色的時候，你把設定的深紅色畫上去，結果一定無限趨近黑色。所以！只畫光影，忽略顏色。

電繪與手繪不同，手繪素描只能越畫越黑除非你擦它。但在電繪中是不一定的，你可以暗色蓋亮色，也可以亮色蓋暗色。除了使用 Painter 的朋友，仍要留意有些筆刷依然遵守手繪的此項特性。

如果你怕失手，你也可以把筆刷的濃度、透明度調低，這樣對於萌心小夥伴們來說，可能會更好駕馭一些。又如果你想要狂野奔放的筆觸，那麼筆刷調硬，你就能從嬰兒小屁屁轉化成洪水猛獸 XD

四、第二層 / 加強陰影

完成第一層後，我們接著要來加強整體的陰影。如前面內容所說，分開繪製是為了保留最大的調整空間。

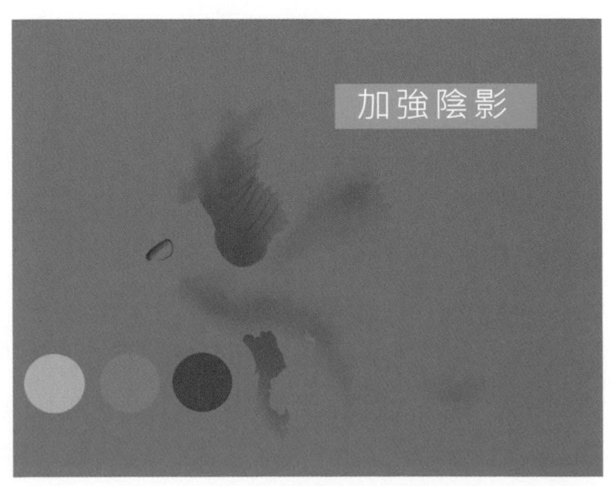

在這裡的起手式有兩種操作方式，一種是在所有圖層的最上面開一個全新的圖層，然後將下面的三色素描圖層，作為裁減遮色片使用，簡單乾脆。

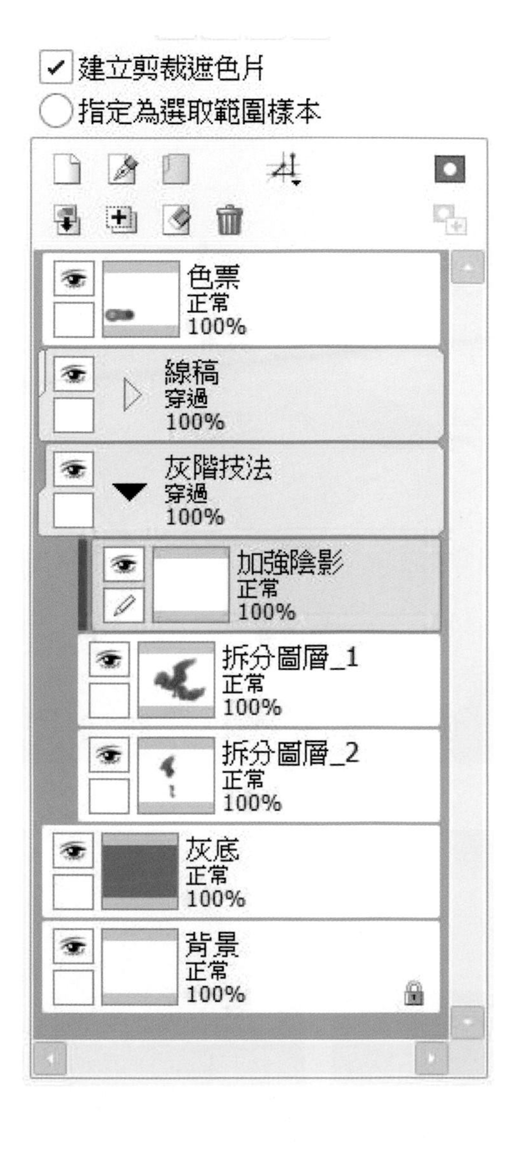

左圖是 SAI 2，而右圖則是 Adobe Photoshop CC 2018。如果是使用 Corel Painter 的朋友，可以果斷下一頁，使用第二種方式 XD

另一種是複製下面的三色素描圖層，再推到三色素描圖層的上面後，進行透明度保護，再用純白色（HSV = Any / 0 / 255）塗好塗滿，然後才開始之後的繪製。

以上兩種方式都可以，主要是為了讓你接下來要畫的東西，能夠保留在應該存在的範圍裡面。我才不要每畫一層新圖層，都還要用擦子修一遍邊緣不小心畫超過的地方，而且我也相信你也跟我一樣～

完成起手式後，我們接著處理。把筆刷放大、調軟調柔、選用中間色，中間色，選用中間色！（激動）把顏色不夠深的地方掃一掃，修整修整。在這裡，我們所畫的陰影比較偏向整體陰影。畫完後如果還達不到你想要的深度，最後才考慮用陰影色來畫。我自己的經驗是，一般光源下使用中間色就足夠了。

下圖中用第二種起手式示範，並故意以紅色表示畫過的地方

　　好了之後，就可以把這一圖層的混合模式（有的軟體叫構成方式），改成色彩增值。啊嘶～前面之所以只用三色限制對比度，就是為了此刻的暢快～而在不同的軟體中，色彩增益也可以被其他模式所取代，例如：陰影對應、相乘。

顏色　色票
正常
溶解
變暗
色彩增值
加深顏色
線性加深
顏色變暗

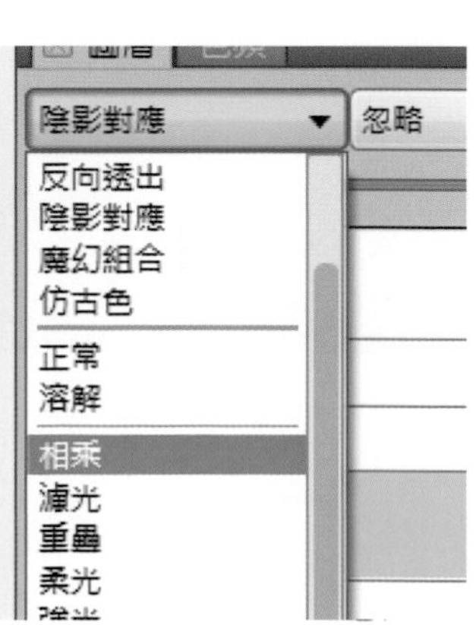

有時候我們可能會覺得，好像太黑了！那怎麼辦咧？不要怕，趕快把這層圖層的透明度下修，調成低一些的數值，這樣就沒事了。前面說的調整空間，就是這個意思。除了可以隨時修改整體陰影的範圍，你也可以調整陰影的強度。

五、第三層 / 加強亮光、高光

完成加強陰影後，我們繼續來加強整體的亮光。與剛才一樣有兩種方式，一種是在加強陰影圖層上面開新圖層，然後一樣把三色素描圖層作為裁減遮色片用。

另一種是複製三色素描圖層，推到加強陰影圖層的上面後，進行透明度保護，唯一不同的是，這次你要用死黑色（HSV = Any / 0 / 0）來塗好塗滿。

緊接著筆刷調整好，依然選用中間色，把顏色不夠亮的地方掃一掃，修整修整。好了之後，就可以把這一圖層的混合模式，改成濾色（或是濾光）。其餘部分比照剛才的加強陰影圖層，真的不夠亮才改用亮光色，如果太亮就調整透明度。

下圖中用第二種起手式示範，並故意以紅色表示畫過的地方

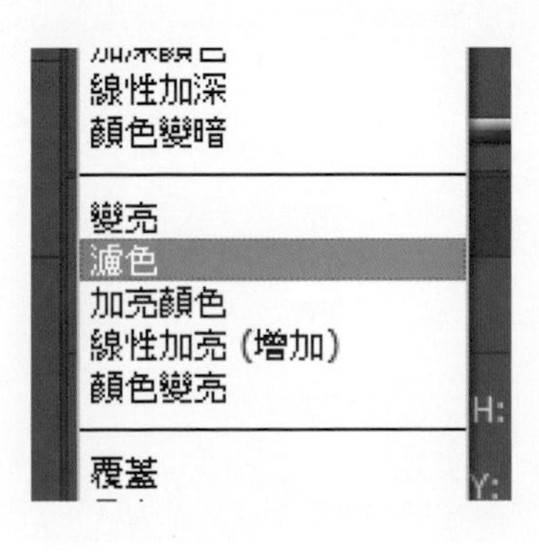

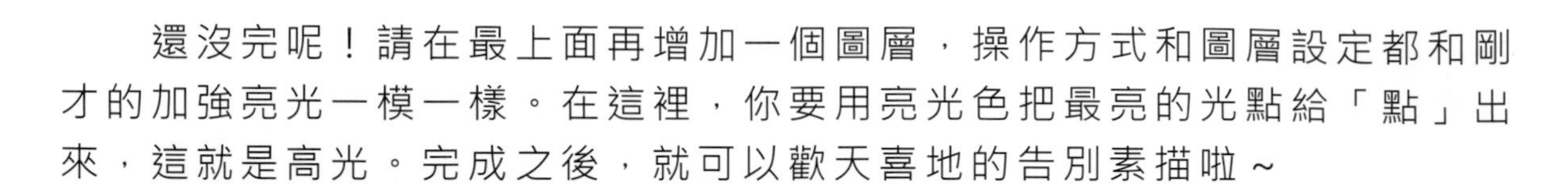

還沒完呢！請在最上面再增加一個圖層，操作方式和圖層設定都和剛才的加強亮光一模一樣。在這裡，你要用亮光色把最亮的光點給「點」出來，這就是高光。完成之後，就可以歡天喜地的告別素描啦～

灰階上色

一、選色開色票

經歷了漫長的旅途，衝破了九九八十一難，三藏師徒一行人終於到達了天竺。啊不對……不是這個……是我們終於可以開始上色了。

在上色之前一樣建議大家要開色票，但只需要開該顏色的中間色就可以了，不需在再把陰影、亮光也一起開出來。

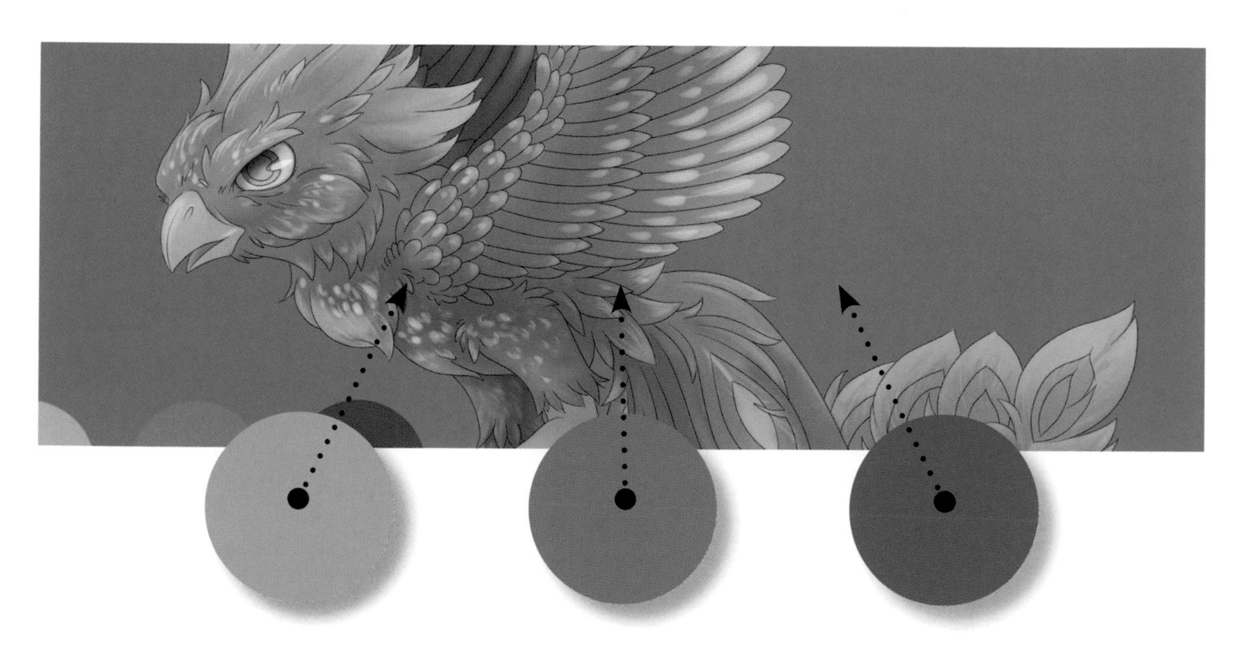

在這裡，你要捨棄光影，只判斷顏色本身。在畫素描的時候忽略顏色，在上色的時候忽視光影。把兩者拆開分成兩件事來處理。

特別一提的是，相同顏色在跨軟體時，會因為各軟體的運算公式不同，而產生出不同的數值。但經過比較之後，我們可以發現 SAI 2 和 Adobe Photoshop 兩軟體，它們的顏色數值是可以通用的。意思是，在 SAI 2 裡面得出的顏色數值，到 Adobe Photoshop 裡面輸入後，會得到一樣的顏色。而 SAI 和 Painter 則是各自為政。

NEXT

第四章 - 動漫技法速攻略

Celluloid Technique

線稿繪製、賽璐璐風、層次營造
動漫技法 / 學線條

動漫技法

從素描到動漫，你要開始簡化陰影，這就是人家專業說的正負形概念。此外就是精美線稿的繪製，以及更進一部拆分圖層啦！透過扎實的訓練後，我們不難發現每種技法都有其脈絡重點，弄清楚後就能靈活應用！

草稿到精稿

一、快速打稿

在無中生有的階段通常是最困難的，除了設計上的巧思之外，最重要的就是到底好不好看？是不是符合我們所設定的形象？這時我們就會先快速打稿，來確定基本造型。然後才開始一步步的修整成精稿，最後上色完成。許多快樂小夥伴畫不出來並不是沒有天分，而是在一開始就採用了不流暢的繪圖流程。你總覺得你的造型抓不好，肢體動作不好看，或是都要修改很久很多次嗎？那接下來的部分就要吸收起來唷！

一般繪師所使用的快速打稿方式，大概可以分成「大色塊」、「粗線條」、「幾何結構」三種。不管採用的是哪一種，都要抓對重點。我們在這一步所作的，是確定造型上的大輪廓，以及肢體動作，而不是什麼瑣碎的細節。

「大色塊」打稿要先準備幾個顏色（但不要多），我自己會用以下三個顏色，分享給大家：

純白色：HSV = Any / 0 / 255 (100%)
中間灰：HSV = Any / 0 / 130 (50%)
死黑色：HSV = Any / 0 / 0 (0%)

　　這三個顏色跟畫灰階時一樣，用來代表亮光，中間、陰影。不同的是你不需要抓得這麼準，只是打稿而已，自己看得有最重要。當然也有大手只使用一個顏色來打稿，那可真牛啊！各位快樂夥伴可以自行培養適合自己的習慣。

　　好啦！現在直接把顏色砸上去，用這三個顏色堆出你所想的角色。之所以使用三個顏色，完全是在幫助我們判斷立體結構。沒有經驗的夥伴，可以先全部用黑色畫，再用中間色畫，最後再上白色。這樣比較不容易手忙腳亂，記住！起初只畫造形、大輪廓。

如果你發現，你還是習慣有一些輔助線條的話，那麼就可以採用「粗線條」的打稿方式。這種方式會先畫出主要的線條、輪廓，有些時候也會在特殊的地方作上記號，像是頭部的十字線、眼睛的位置，以及關節的地方。

例如在畫人物的時候，我就會把頭部先定位，再拉出身體的中軸線，決定大概的動作方向。接著依序是胸腔、骨盆、四肢，最後才是其他依附在身軀上的部分。這樣的方式也有一個優點，就是在檢視調整整體比例的時候，操作放會比較簡便好使。

最後一個方式是「幾何結構」。這個方式在操作上雖然麻煩了一些，但是換來的好處可不少唷！這個方式的作法是將所有的造型，簡化成作基本的立體幾何結構，像是圓柱、長方體、球體……等等。因此在繪製的過程中，你可以馬上檢視出，哪個地方的透視是有問題的，然後再作出修正。有些萌新在初開始繪畫時，對立體結構的掌握不是這麼熟悉，常常畫歪跑偏懷疑人生，那麼我推薦你使用這個方式來練習透視。

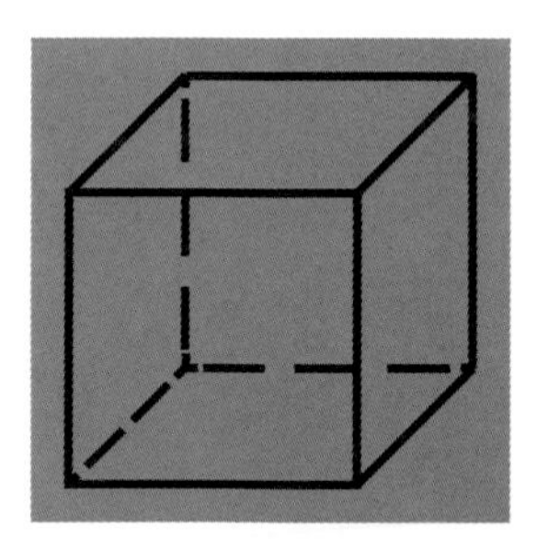
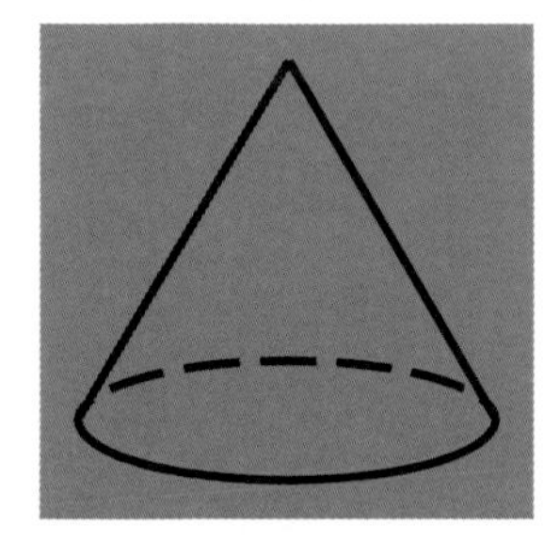
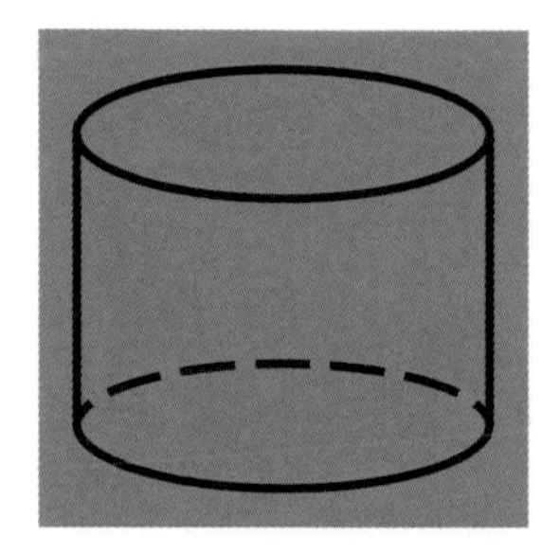
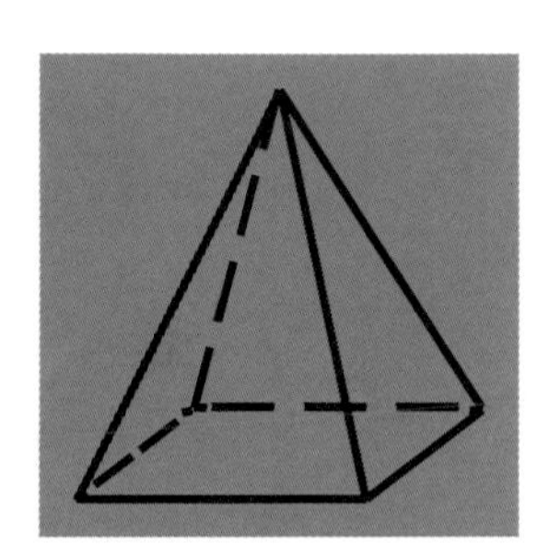

二、透視

趁著要跟大家分享清稿這件事，就來順勢分享透視的重要。透視這件事說來很簡單，就是讓視線穿透衣服，觀察裡面的……等等！別報警呀！不是這樣的！透視指的是在平面上呈現出正確的立體感，讓你的畫面有深度，繪畫結構不會崩壞，進而產生出難解的謎之構造。我們在繪畫中，關於造型部份所使用的透視有：

單點透視：

1. 視平線上，有一消失點 D1
2. 主體結構中，有結構線與視框平行
3. 而與畫面垂直的結構線全部指向，並消失於 D1
4. 僅能畫出水平視角，因此又稱為平角構圖

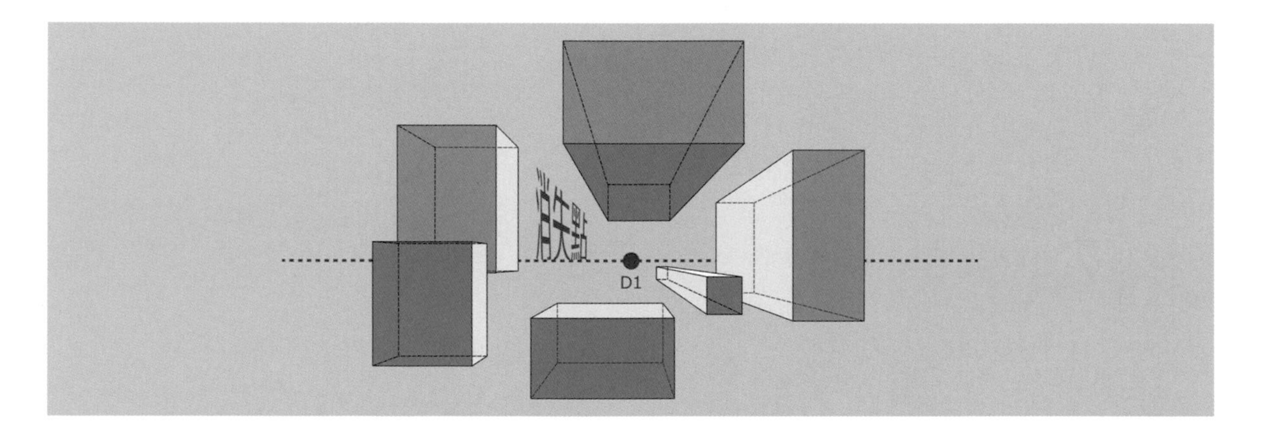

兩點透視：

1. 視平線上，有兩消失點 D1、D2
2. 能呈現出物體在視平線之上，或之下的畫面，因此又稱為成角構圖
3. 兩個消失點等於眼睛可視範圍的兩端，所謂一眼望去的意思。

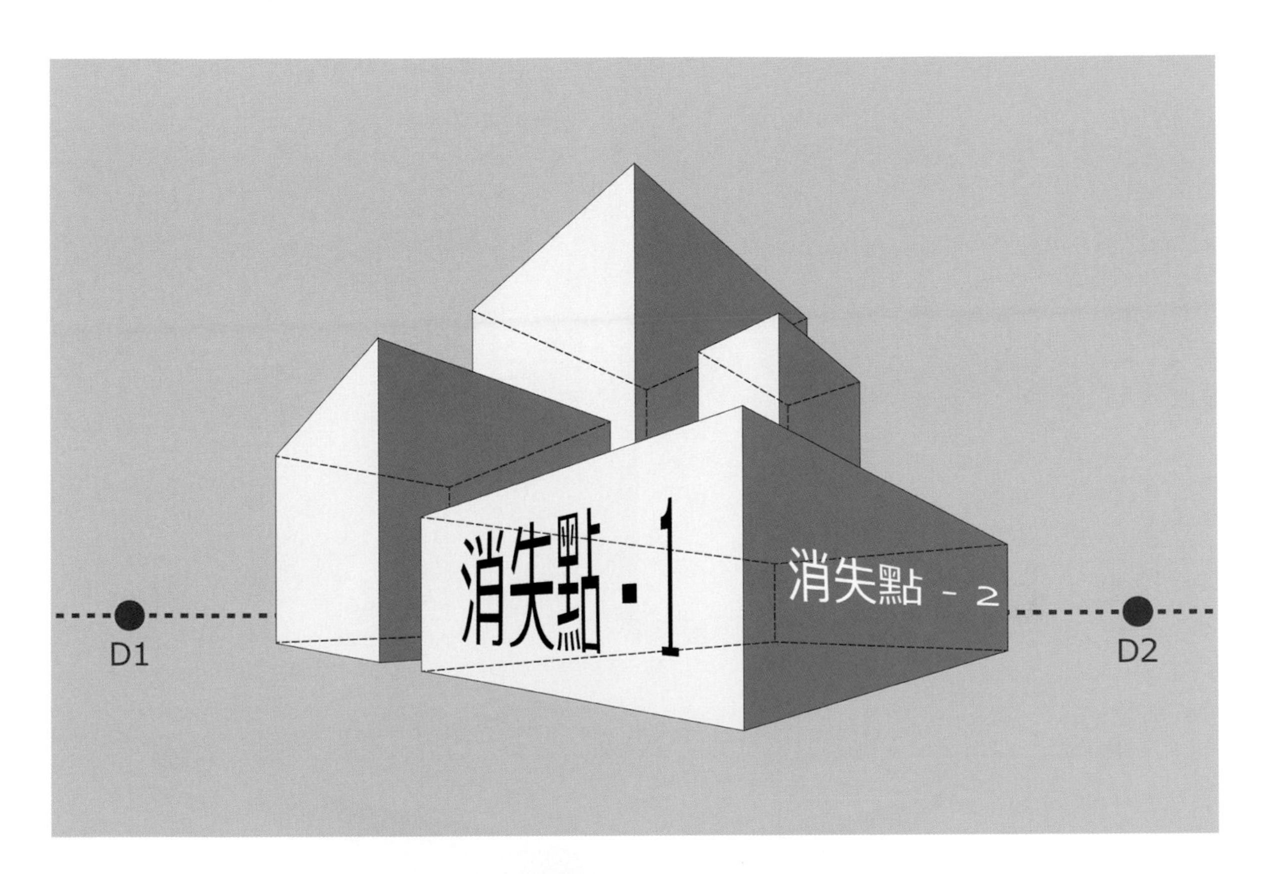

三點透視：

1. 在兩點透視的基礎上，再多一個天點或是地點（D3 or D4）
2. 用來表現出仰視或是俯視，也稱為廣角透視

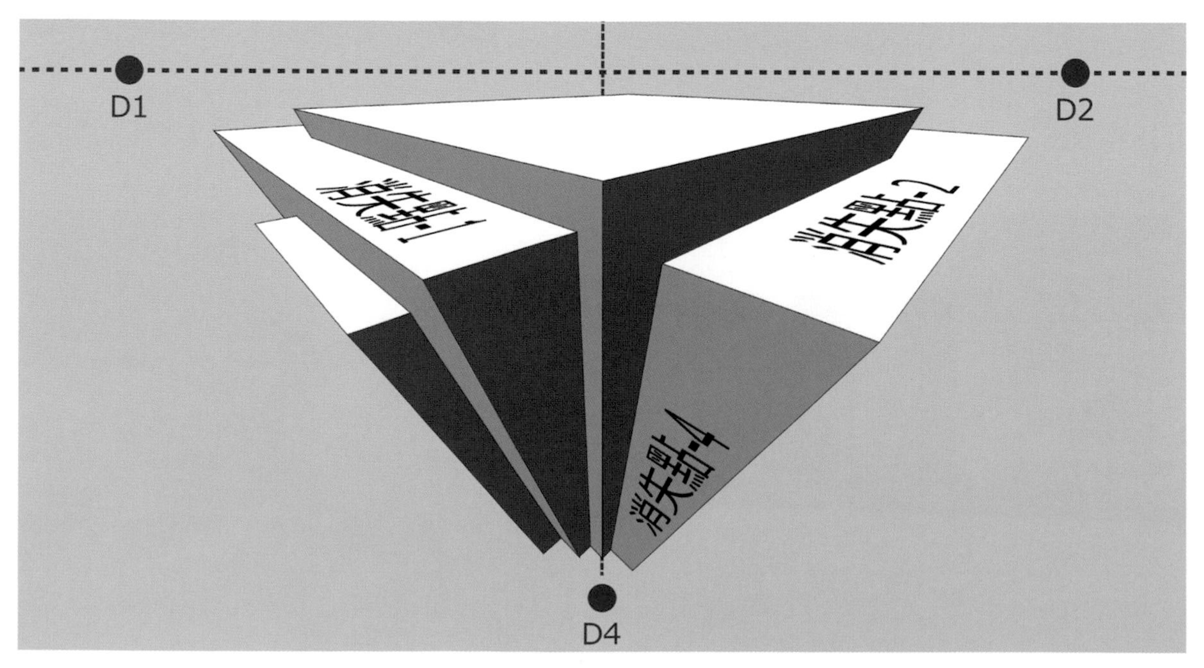

紋裡透視：

1. 因距離而產生疏密、形變
2. 水波、鵝卵石、麥田 …… More

處理的恰當，就能夠營造出營造空間感、立體感。終結讓人頭暈暈的謎樣空間，或是謎之結構。

三、修整清稿

草稿結束後，就可以開始清稿囉！在這一步驟你要把線條變的明確而肯定，最重要的是，要讓線條富有變化，就是讓它活起來（如圖）！

清稿的時候要去除抖動、偏移、毛毛線，讓畫面保持乾乾淨淨。做到弧線就是弧線，直線就是直線，一條不會變成兩條，這樣就叫作線條明確而肯定。那麼又如何才能讓線條靈活起來，富有生命力呢？很簡單，秘訣就是讓線條有粗細的變化，只要把握幾個原則就可以囉！

1. 線條要細：高光、描繪細節、表現尖細
2. 線條要粗：陰影、強調輪廓、表現粗厚

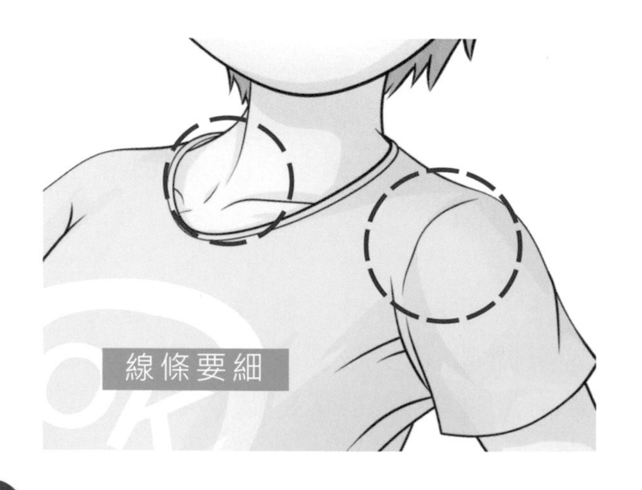

有些角度總是畫不順手，怎麼畫怎麼歪。這時候，山不轉路轉，把畫布旋找到順手的角度不就好了嗎？

漫畫技法中有許多種不同的表現方式，但是原理都相去不遠。像是美式漫畫就會在繪製線稿的精稿時，把陰影也一起畫上去，同時使用線條的疏密變化來描繪陰影即質感。這樣的作法下，畫面會看起來更為陽剛而強硬。

賽璐璐上色

一、選色開色票

在開始繪畫前，先與大家分享一個重點。線稿圖層永遠保持在所有圖層的最上面，永遠頂天。能在這至高無上的線稿圖層上面的，只有色票圖層（用來擺色票），以及高光圖層。

明白了以後，我們習慣性地先選擇顏色、開立色票。在灰階技法中，我們的選色很單純，因為光影間的明暗變化全靠速描。但這裡就不同了，你得要自己選出合適的顏色。每個顏色至少都要有三種變化，分別代表光亮、中間、陰影。

在選擇顏色時，建議把明度（V / B）的範圍控制在 40（15%）– 220（85%）之間，飽合度（S）則建議控制在 60（20%）– 200（80%）的範圍之間。基本的三色不要隨意超出這個範圍，不然會造成你在後續調整的麻煩。

二、拆分零件、第一層／上底色

在開畫之前我們先來梳理一下圖層，把東西拆開成許多零件，分別放在不同的圖層中。其中的拆分原則很簡單，不會互相干涉、又性質相近的，我們放在同一圖層。說得更簡單一些，就是讓你自己稍後繪畫的時候，不用去擔心畫到不應該畫到的地方。拆分完圖層之後，就順便繪製成剪影，以便後續彩繪。

現在，我們要利用剪影，來染上第一層顏色。先使用無羽化柔邊的硬筆刷，選用中間色把剪影全部畫好畫滿。了解流程後，你也可以把這一步和拆分圖層一起執行。

接著，我們換上非常柔合的筆刷，或許是噴槍那一類。把筆刷的透明度、流量調低一點。至於要多低呢？就要看你所要描繪的主體而定。假使你要畫的是比較光滑的平面，那麼就需要十分柔合的漸層。這時後透明度、流量的數值就要很低，這使得顏色不會一次畫到飽滿，你可以慢慢染，直到漸層完美。

選擇陰影色刷陰影，亮光色刷亮光區域，你也可以開新圖層配合裁減遮色片始用。大概掃一下漸層變化，完成後這一層就算處理完畢了。

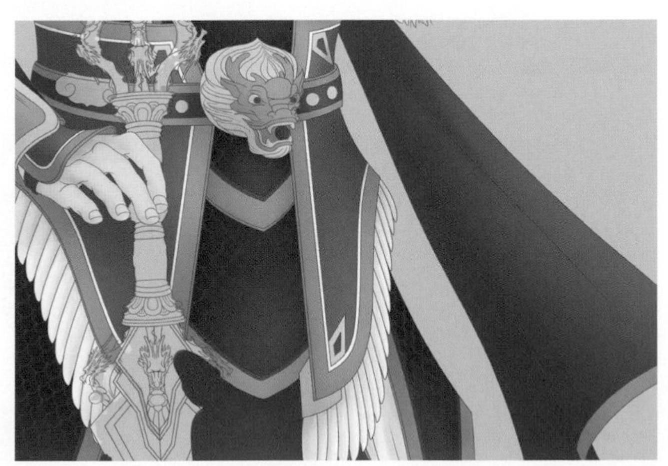

三、第二層 / 陰影

在陰影的處理上有兩種畫法，各有優缺點。但不管是選用哪一種，都需要仔細地判斷光從哪裡來，影子會出現在哪裡。而有時候為了增加陰影的層次，我們會多畫幾層陰影，並加入其他技法的精隨，讓畫面看起來比較豐富。在這章節中，就先分享基礎的繪製方式，讓大家比較好上手。

第一種方式，在第一層上面開一個新圖層，直接將先前選好的陰影色直接畫上去，也可以加入透明度的調整。這種方式的優點是，自選的色彩可以獲得最大自由度的控制，你可以選擇稍微偏離中間調的色系，讓整體畫面的色彩更加豐富。而較不容易上手的原因，也正好是來自於其優點，對色彩還不是很敏感的朋友，則會稍微吃力一些。此外，這種方式會直接蓋過我們在底色所作的漸層效果，所以通常搭配單一顏色（不漸層染色）的底色使用。

第二種方式，一樣先在第一層上面開一個新圖層，先將圖層的混合模式改成色彩增值，並選用中間色來繪製陰影，最後再適度調整透明度。這個做法的好處是，可以拯救選色還不熟練的小萌新。相對地，由於顏色都是一樣的，所以在色彩的變化度上比較沒有這麼豐富。

反應快的小夥伴們，馬上就會想到，那我為什麼不兩整方式混合使用呢？當然可以！這個意思就比較接近下個技法中，所要和大家分享的方式。你可以使用自選色，加上色彩增值的混合模式，再透過調整透明度，來達到滿意的效果。這種操作方式下，你可以保留底色的漸層，也留有自選顏色的自由度，但對於色彩控制的能力，要求相對會比較高。

四、第三層 / 亮光

在光亮區域的繪製，基本相同於陰影的處理，一樣兩種方式供大家參考。第一種方式，在陰影圖層上面開一個新圖層，直接將先前選好的亮光色直接畫上去，再調整透明度，其原理與優缺點跟介紹畫影子的方式一相同。

第二種方式，一樣先在陰影圖層上面開一個新圖層，一樣選用中間色來繪製光亮區域，再依情況修正透明度。而不同的地方是，這次你得將圖層的混合模式改成濾色（或是濾光）。

最後，也一樣可以將以上的兩種方式混合使用，來達到更出色的效果，與更高的自由調整空間。但要記得圖層的混合模式選用的是濾色（或是濾光）。

五、第四層 / 調整層

這一層是用來做彈性處理的，你可以選擇這一層要畫陰影或是畫光，全看主要環境需要。如果你想要畫面往暗色走，可以強調影子的層次，這一層就用來畫第二層影子；又如果你希望畫面有光的晶透亮感，那就用來畫光，就變成有兩層光。

透過這樣的處理，你的畫面會變得更加有層次變化，看起來會更豐富。但在賽璐璐的畫法下，光的圖層加上影子的圖層，再加上這層調整的圖層合計三層已經是極限了，在增加下去的話可能會讓畫面變得太過凌亂。

這一層的製作方式和上面兩層（光、影的圖層）一樣，不同的是這一層的透明度會削減得比前面更低，這樣才會有深淺的變化。另外，大家可以把這一層想成介於中間色，和光亮色或陰影色之間的層次，因此要畫的面積就會比上兩層更大。

而要不要畫到這麼多層，大家可以依據個人風格或是畫面需要來斟酌。像我這樣的懶人，有時候也會一層陰影就搞定一切，不另外畫光亮層和調整層。

六、第五層 / 最高光

最後一層就是高光啦！這一層要做在線稿圖層的上面才好，這樣才能壓過線稿，看起來才有最亮光點的感覺。諸如眼睛的高光，就是做在這一層。而有另一種情況就不同了，例如刀劍類的金屬光澤，這就要畫在線稿之下了。但如果是刀劍類的閃光，那又要在線稿之上了。所以在繪畫之前先判斷一下，你畫的高光是屬於哪一種，需不需要蓋過線稿。

這一層的作法很單純，開好新圖層之後選用亮光色來畫，並將圖層的混合模式改成濾色（或是濾光），這樣就完成了。如果有需要的話，你可以換成白色來繪製，展現出最大的亮度（曝光）。又或是降低透明度，達到消弱亮度的效果。

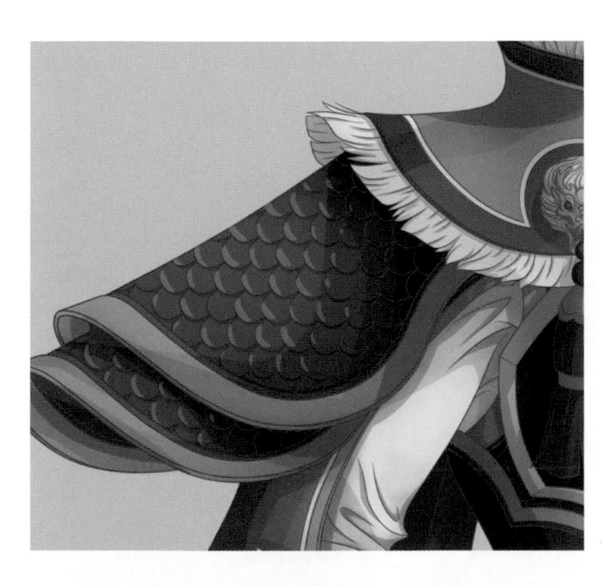

七、修飾線稿

在最後的階段中，有時候會再修整線稿，讓它帶有有其他色彩。例如在直接受光的區域，我們讓它帶有一點光亮；在陰影處，我們就把顏色調深。這樣的處理之下，線稿會更加有生命力，也更貼合所繪製的主體。而這彰顯出一件事，不要用死黑色畫線稿！！！

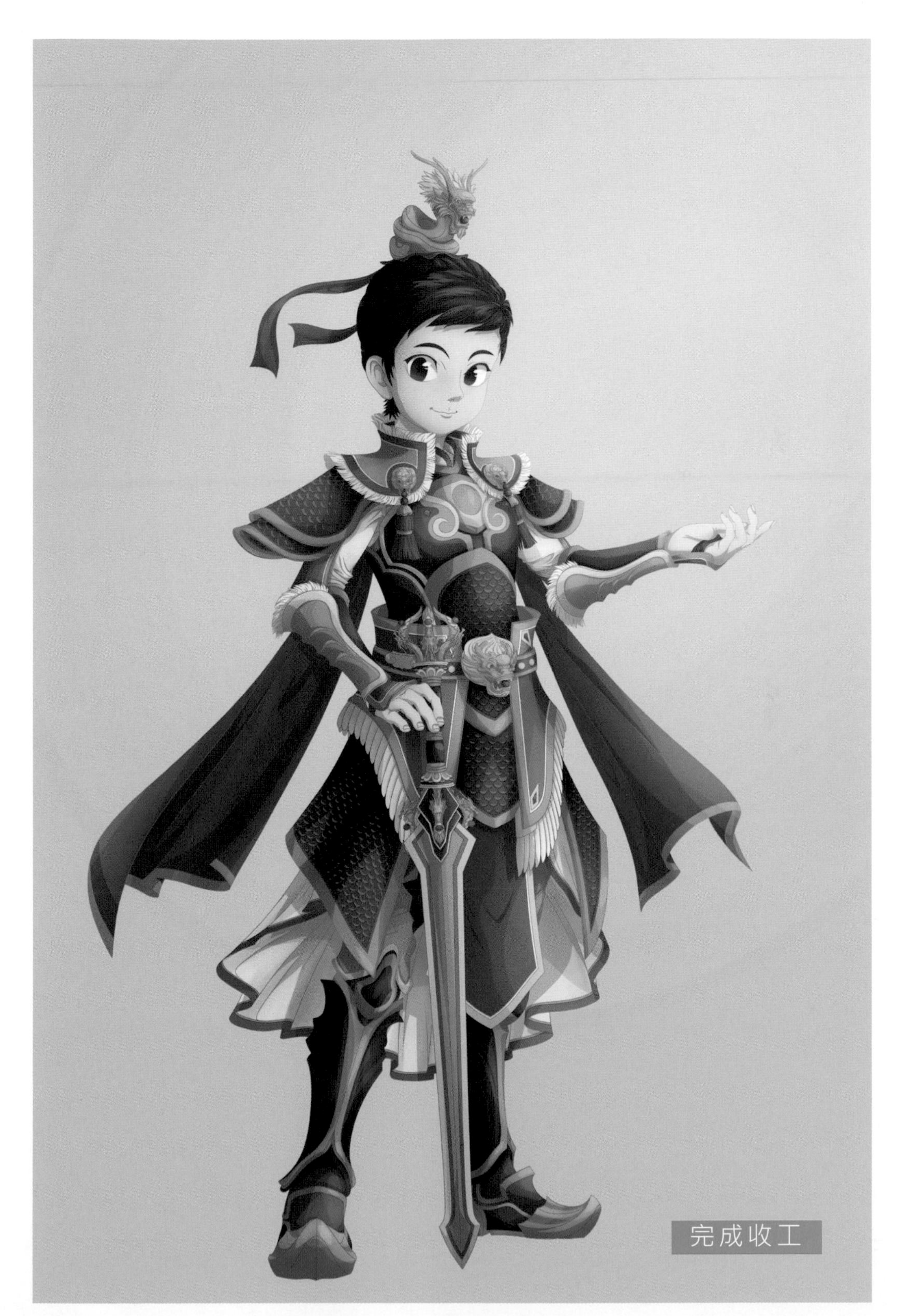
完成收工

NEXT

第五章 - 水彩技法速攻略

Watercolor Technique

疊出影子、渲染埋色、空氣透視
水彩技法 / 學層次

水彩技法

水彩技法中所使用到的技巧，非常廣泛地和其他技法相互結合，衍伸出各式各樣的混合技法，非常值得大家認真看待。尤其，學過水彩的表現技法後，也會對色彩的混合變得更加敏銳，就讓我們全神貫注的攻略它吧！

水彩筆刷

一、繪畫技法與筆刷

說到傳統手繪的水彩，大家直接想到的就是染色這件事對吧！當然，我也知道水彩還有其他的表現技法，大手們別鞭我啊！在水彩的繪畫裡，我們利用水來調合色彩、控制濃淡，進一步作出重疊、縫合、渲染三種技法。如果沒有用過水彩的小夥伴也不用灰心，你只要知道如何在電繪之中，把顏色染的漂亮就對了！

那麼就要來探討，我們的筆刷該如何作出染色的效果啦！不管你要的是水彩的感覺，或是水墨畫的感覺，都要先把筆刷設定好，它才會乖乖聽話。其中最關鍵的部分，就在於如何讓兩顏色混合，以及層次的表現。而你需要調整的項目有透明度、濃度、混色、水分量、色延伸、軟硬。

在繪畫的過程中，主要會以軟筆為主。原因在於畫出來的羽化邊緣，會比較適合做顏色的交疊與漸層。而透明度、濃度兩個部分看個人喜好來調整，調的數值比較低的話，在畫漸層時會比較圓滑，接近渲染的味道。如果搭配上稍硬的筆刷時，你就能作出水墨畫中第一層顏料乾掉，再畫上第二層的效果。

實際應用

在選擇顏色時，一樣建議把明度（V / B）的範圍控制在 60（20%）– 220（85%）之間，而飽合度（S）則建議控制在 60（20%）– 200（80%）的範圍之間。除了好控制之外，也符合真實世界的顏色中，並不會出現極高彩度，或是真正意義上的純白與死黑的情形，這是讓大家擺脫濃純香的塑料電繪感的關鍵因素之一。

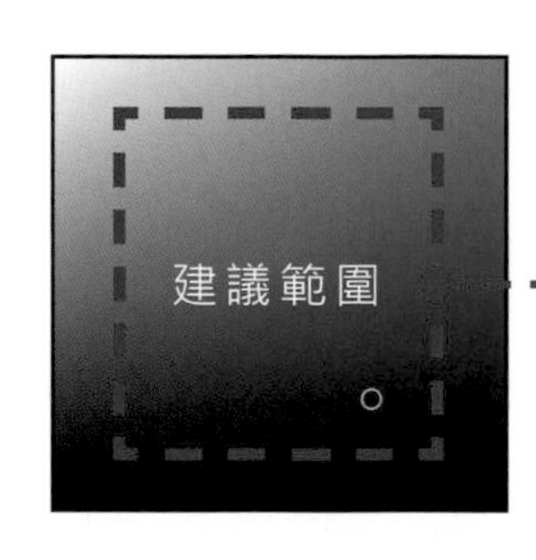

明度（V / B）的範圍：
60（20%）– 220（85%）

飽合度（S）的範圍：
60（20%）– 200（80%）

基礎的色相混合，遵守著 CMYK 的法則如圖所示，交集的地方就代表著混合之後，會產生的樣子。當所有顏色混合後，就會變成黑色。這個原裡，就是現實生活中的染料調色。

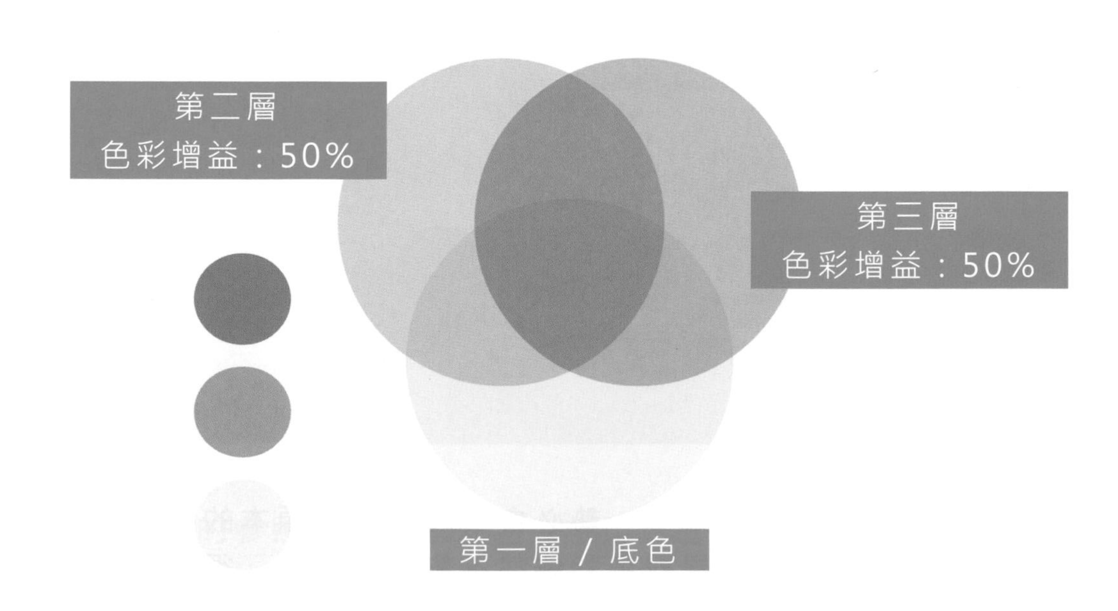

接下來，以下這些圖層的混合模式，會讓顏色越畫越亮，也會染上所選色彩，有：濾色、濾光、發光、加亮、線性加亮 …… 等等，一切看起來會發亮的效果。

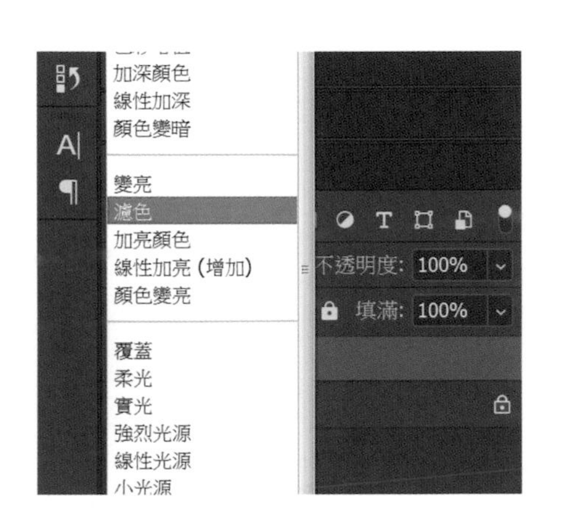

同一個顏色繪製的兩個圖層中，對上方的圖層使用覆蓋（或是重疊）這一種圖層混合模式的話，會將該圖層的色彩資訊壓到下方的圖層上。造成整體顏色的色相、飽合度、明度都會有所改變。

而不同顏色繪製的兩個圖層中，當上方的顏色愈亮時，下方的顏色就會變更亮；若上方的顏色愈暗，相對的下方的顏色也會愈暗。所以使用這一種圖層混合模式時，建議大家先試驗一下顏色是否合乎裡想。

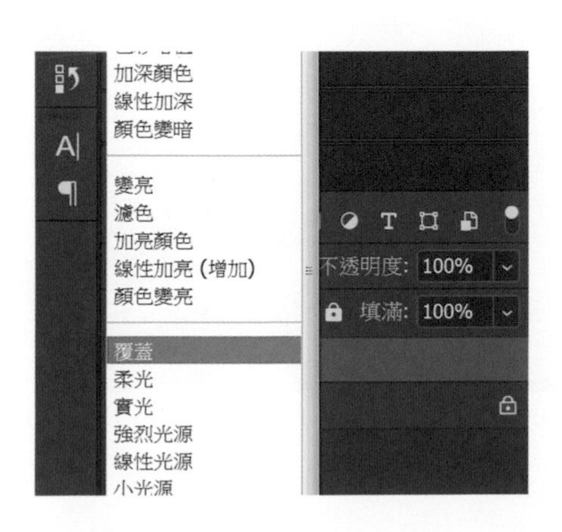

如果你真的還是不清楚覆蓋到底是什麼鬼，那我跟大家分享一個秘技，你可以試著把檢色器平分成四個部分。上面兩個（A、B）會讓混合後的顏色變得更亮，下面兩個（C、D）則相反。右邊兩個（B、D）會讓混合後的顏色變得更鮮豔，左邊兩個（A、C）則不會有明顯的彩度變化。

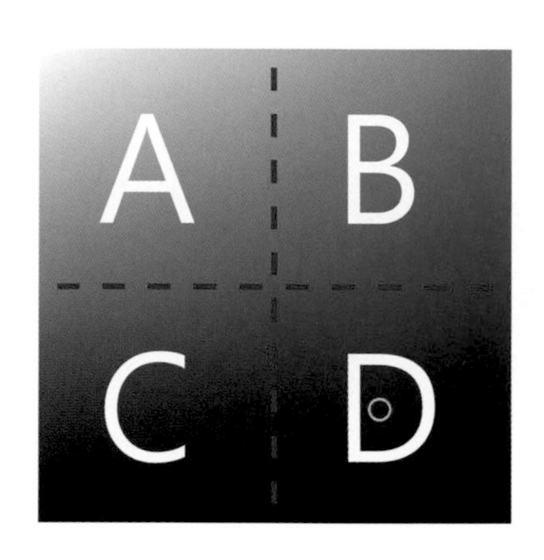

A、B：顏色變得更亮
C、D：顏色變得更暗

B、D：顏色變得更鮮豔
A、C：不有明顯的彩度變化

調整透明度的方式，則會讓整個圖層的顏色變淡，也讓底下的色彩顯現出來。這個方式的使用非常頻繁，也會和各種不同的圖層混合模式搭配使用。

最後是會讓顏色越疊越深的圖層混合模式，有：色彩增值、相乘、陰影、變暗…… 等等，一切看起來會變暗的效果。特別注意的是，這裡的圖層混合模式不只會影響明度，也會影響彩度和色相。

圖層的混合模式，在繪畫的過程中使用的相當頻繁，這項偉大的功能，可以幫助大家事半功倍，一定程度上能減少對顏色判對的壓力。而且，既然是在不同的圖層，表示可以各別做出調整。

在不同的軟體之間，演算的結果也會略有差異，建議大家開色票之前都先試一下，以確定是裡想中的效果。

渲染色彩

一、逐步疊合

線稿置頂，下方第一層的底色，把中間調顏色直接塗上去畫成剪影，也可以再稍微渲染作出漸層變化，這部分和動漫技法的第一層一樣操作，無技巧可說 XD

第二層，在第一層的上面再開一個新的圖層，並將圖層的混合模式改成色彩增值，用來畫出第一層陰影。這一層畫的陰影，指的是範圍面積較大的整體陰影，大筆掃過就好。用色也不要馬上就一往情深，付出太多畫的太深，最後就容易黑（嘻嘻）。針對這一點，你可以透過調整透明度的數值來控制。

這一種畫法是借鏡手繪水彩中，顏色會越畫越深的原理。而已經熟悉整體套路的小夥伴，當然可以使用其他種方式，來展現出自我風格。

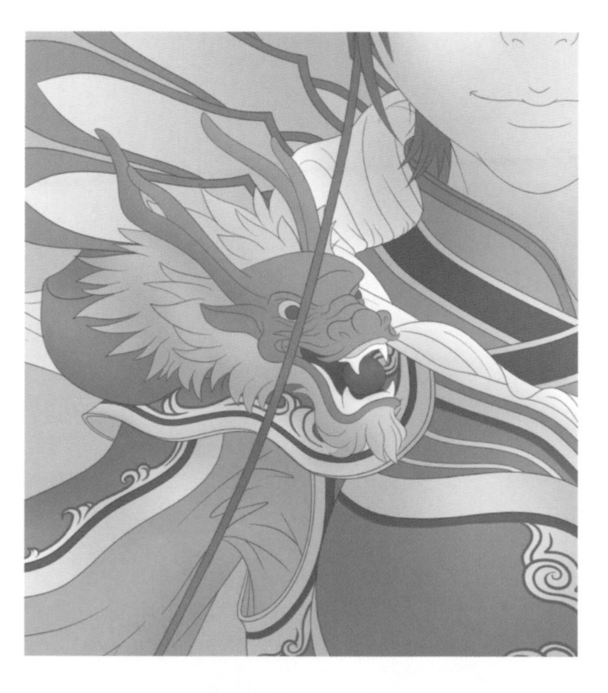

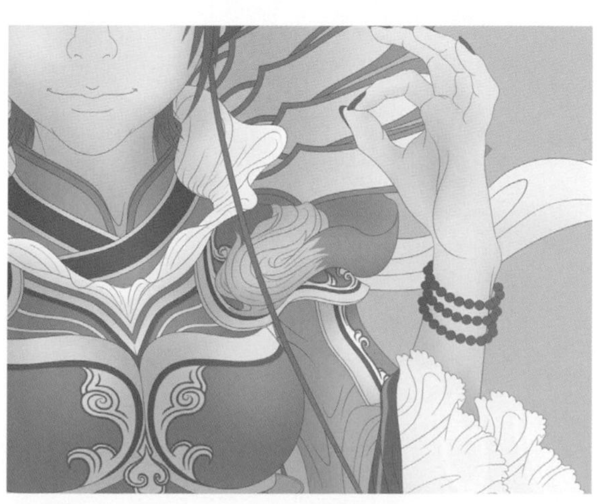

第三層，再於上方開一個新圖層，跟第二層一樣設定為色彩增值。這一層我們要加重力道來強調陰影，你可以理解為畫出第二層中，所畫過部分之中的陰影。總之就是越畫越深啦！ 在這裡，你可以加入不同的顏色來增加色彩的豐富度。像下圖中，我就用了三種不同的顏色來畫。

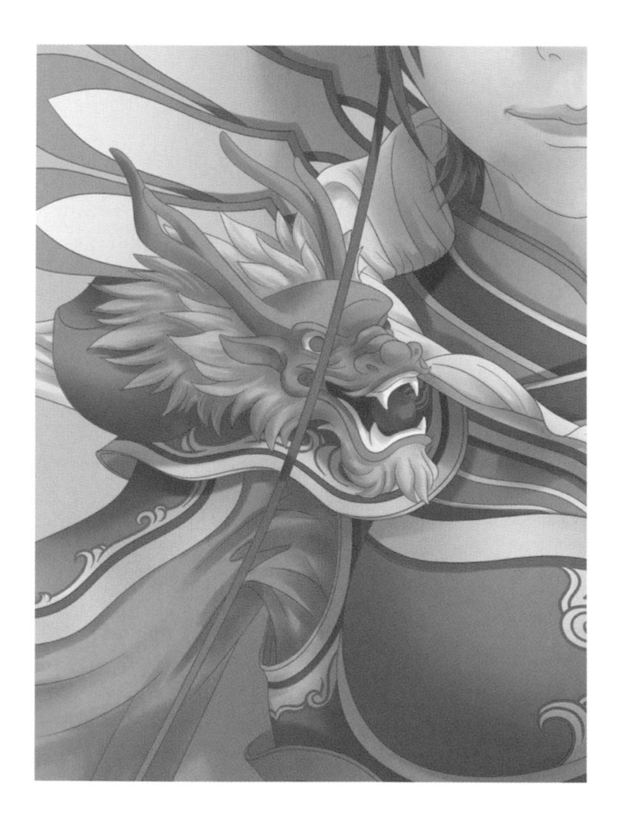

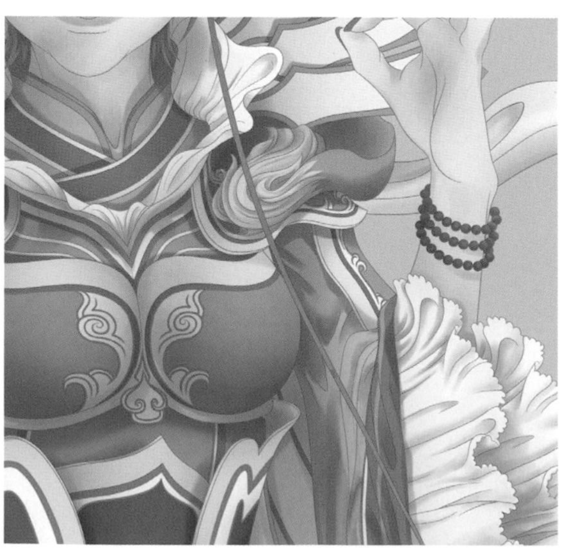

第四層，一樣在上方開一個新圖層，還是設為色彩增值。這一層我們要作的，依然是加重力道來強調陰影。不同的是，這裡畫的已經是細部陰影囉！這一層畫完，陰影的部分就算是告段落了，和動漫技法很相似對吧！接下來的部分，才是水彩技法的重頭戲！

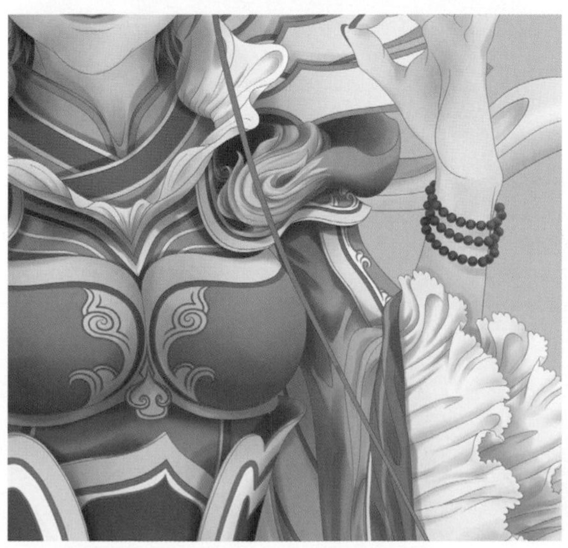

二、埋色技巧

重點中的重點，埋色的用意簡單解釋來就是，進一步描繪光和影子的顏色，增加色彩的豐富度與活性。而有些時候，也會用來調整整體的色調。光不會只有白色，影子當然也不可能只有黑色。

曾經見過有一小撮自稱繪師的人，老喜歡用黑色畫影子，任何情鏡、任何光源一律黑到底！這很容易造成極高的對比度，讓你的畫面不耐看，甚至看久了會頭暈，如果再搭配高彩度，那就成了「夜店風」。

並不是說黑色不能用，而是需要經過調合，並搭配正確的光源和情境氛圍。這樣一來，黑色才能發揮他的效果與魅力。

所以由上可以知道，埋色還可以分作埋在光，或是埋在影子。這部分可以分成兩個圖層處理，有時候偷懶也可以合併在同一層處理。但不變的是，需要你對色彩的變化很敏感！能埋色埋到讓人看得出來，又好像看不太出來，這才是真功夫！

快樂夥伴們，你們還行還可以嗎？現在我們要來製作高光層。在所有圖層的上面新增圖層，直接畫出高光的區塊。你可以使用光源的顏色畫，也可以使用中間調的顏色畫。畫好之後，將圖層的混合模式改成濾色（濾光），最後檢視一下，如果顏色變的太亮，就降低透明度來作調整。

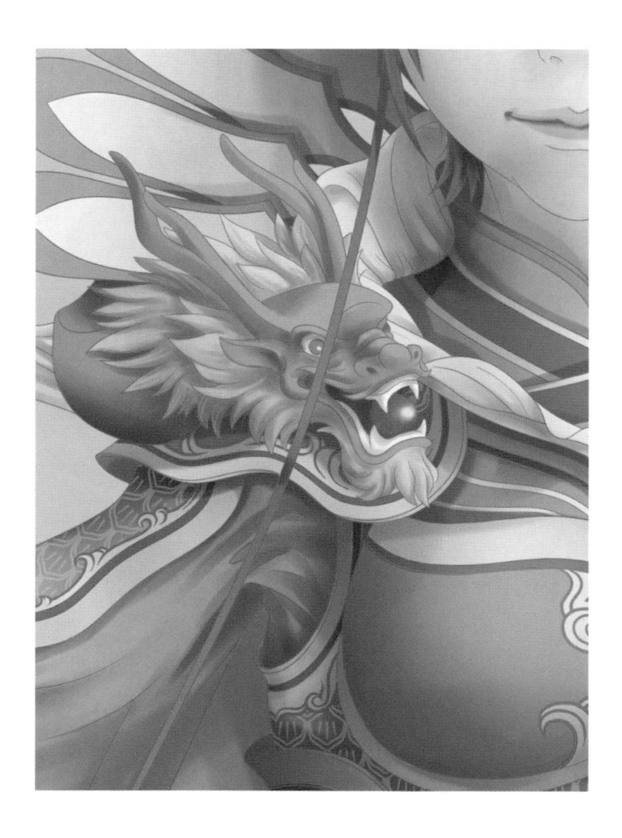

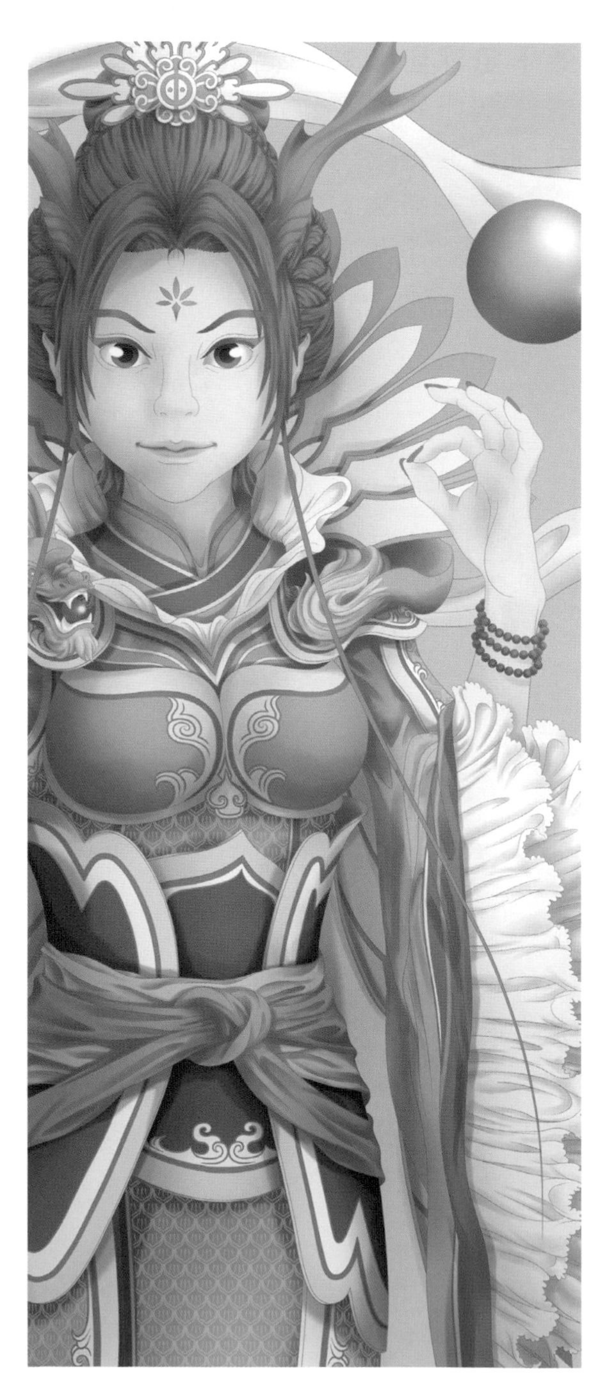

完成收工

三、空氣透視

什麼！還有唷！夭壽喔！別怕別怕，這裡要講的東西很簡單。但是決定了距離感，或者說深度。如果你要畫出巨大的感覺，這個部分就一定要注意好。

我們看遠處的東西，會覺得它變模糊、變藍、變灰、變得不鮮豔、對比不明顯對不對？原理你可以問 Google ，但是我們可以獲得一個假設。空氣就像一張淡藍色的薄膜，只有一層我們看不出來，如果有幾百層的話，我們能看出差異。

　　而這薄膜就是空氣，我們與物體之間的距離遠近，就是中間有幾層薄膜的意思。如果你要表現出距離感、巨大感，那麼你可以在遠處添加灰藍色，順便讓物體模糊些，並降低對比、彩度，這樣一來就能達到你想要的效果！（如圖）

那麼，有沒有不使用灰藍色來表現空氣的時候呢？答案是肯定的！例如夕陽西下時，畫面中的遠景就會偏向溫暖的黃橙色多些。由此，我們可以知道，想要模擬出正確的顏色，你還必須要參考所繪製場景中，主要光源的顏色（多是陽光），因為光源也會對場景，和場景中的物體染色，所以基本上我們可以用天空的顏色來判斷。

我們前面說到，細節會因距離而減少。另外還有兩個因素也會使細節被隱沒掉。其中一個，就是當物體處在濃霧或煙霧的環境中。當霧氣越強，細節的隱沒程度越高。

另一個則和光線有關。我們可以試想一下，好天氣的正中午時，光線最強，看遠景也最清晰。而清晨及傍晚的光線較弱，會讓空氣透視感較為顯著，細節隱沒的程度也就會越強。

而我們在繪畫時，就可以利用以上幾點，創造出不同以往的「氛圍」，可以讓作品更加迷人~~，也可以節省時間偷懶少畫很多細節~~。

NEXT

第六章 - 厚塗技法速攻略

Impasto Technique

細節質感、收放自如、抹出光采

厚塗技法 / 學色彩

厚塗技法

喔！不簡單！居然能夠來到厚塗技法這關，通常學生們都會在前一章中，就哭暈在廁所，哭喊城市套路深我要回農村，怎料農村路也滑，人心更複雜，偉哉電繪！不過既然你挺過來了，就意味著繪師魂已熊熊燃起！厚塗是我最喜歡，也最常用的技法，可以幫助我以神速完稿。接下來，就讓我們全神貫注的上吧！

質感繪製

一、真細節和假細節

在開始之前，我必須向各位快樂夥伴介紹最後一個重點，就是材質細節。撇開影像合成這種邪道不談（XD），在下面有兩組圖，請各位猜猜看哪一組是真細節，哪一組是假細節。

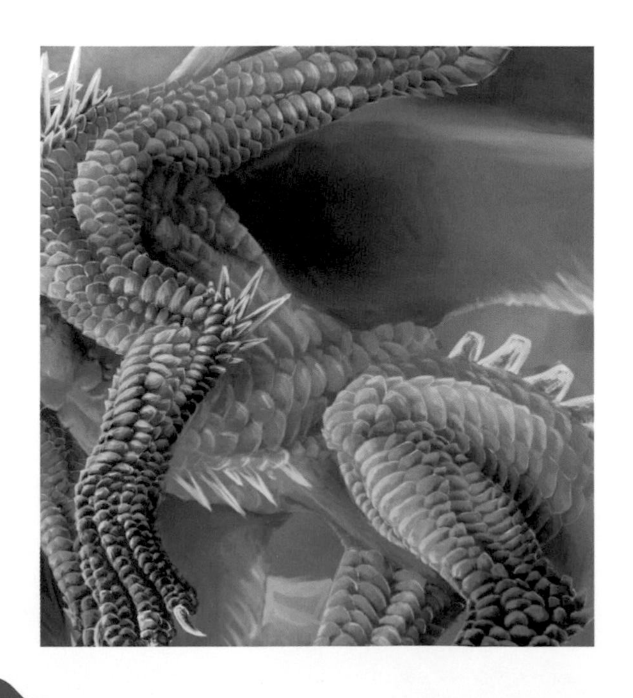

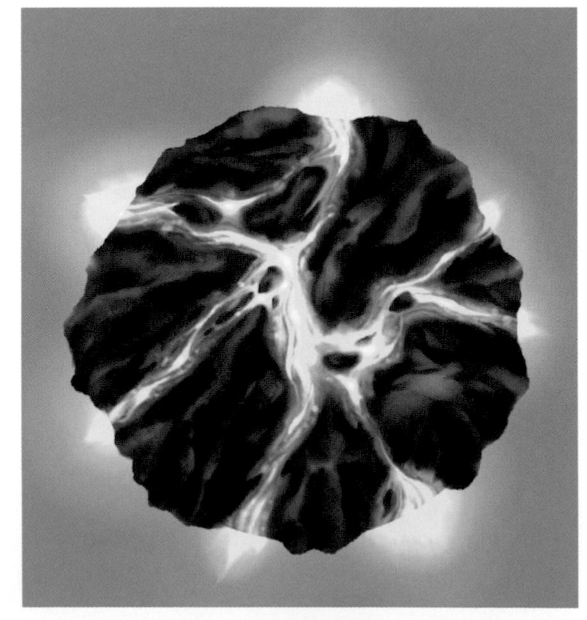

猜對了嗎？~~是皮卡丘。~~左圖的螢光龍是屬於真細節，上面所有的光影、質感都是一筆一畫，實打實地刻上去的。而右圖的熔岩球則是屬於假細節，與前者不同的地方在於上面的質感，是用材質筆刷畫出來的。而透過這項功能，這顆熔岩球在 15 分鐘之內就繪製完成了。什麼！居然有這麼邪惡的工具！

當你已具備了基本的繪畫能力時，材質筆刷絕對會是你的一大利器，讓你可以輕鬆駕馭各種質感。如果你未來想要進入遊戲產業當美術人員的話，很多時候會使用同模換貼圖的方式，變出新角色。這樣一來，你就更不能錯過這個好工具，讓它來幫助你快速繪製質感。

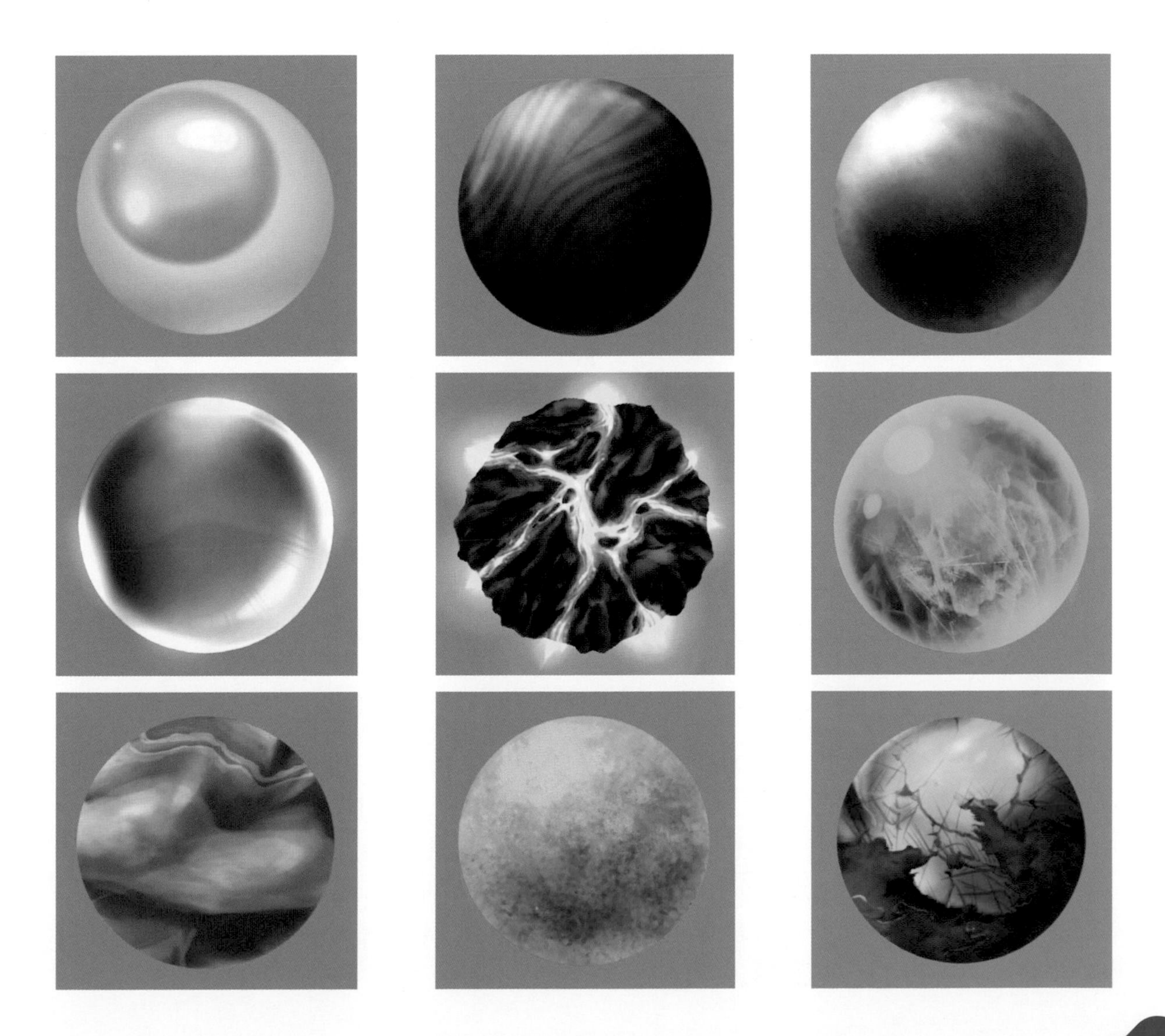

而這項功能在各種軟體之間，設定也不太一樣，叫的名字也不相同。例如在 SAI 裡面它叫作形狀、紋裡，在 Painter 裡面叫作紙張材料。總之你要知道，它就是那個能讓你的畫筆，畫出各種奇異紋路的功能。

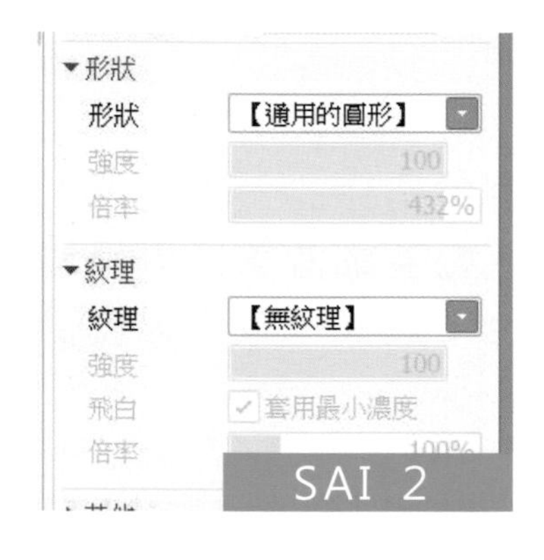

SAI 2

選擇材質

繪畫效果

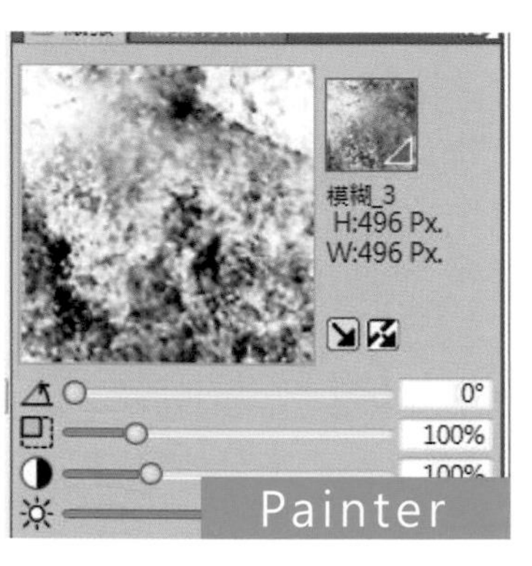

Painter

選擇材質

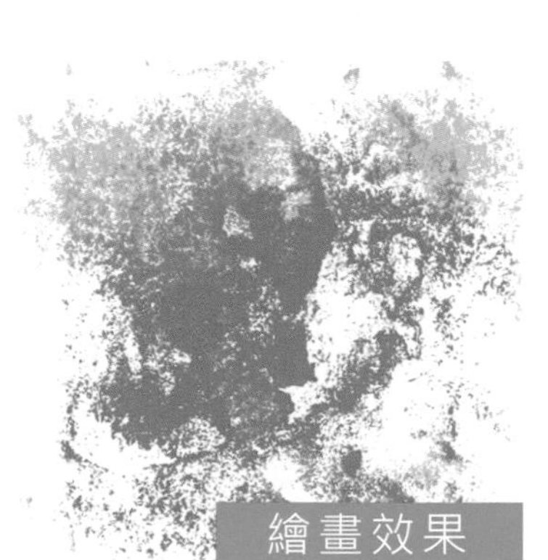
繪畫效果

在我的經驗中，我們選用的材質越髒、越破碎、越複雜，在繪畫中就越實用，表現出來的效果也會越好。如果繪畫中不需要什麼太複雜的質感，其實也可以不帶任何材質直上畫到完。通常材質會用在表現粗糙的質感，或是破碎凌亂的表現上，例如石紋、鐵鏽、雲彩，甚至是遠方的小樹叢。

什麼！？你問我 Photoshop 如何？我還是那句老話，你還是指望它的外掛筆刷吧！有了各種外掛筆刷，再搭配上 Photoshop 本身的細部筆刷控制功能，Photoshop 這套神器，才能發出它的怒吼！不過像我這樣的懶鬼，實在是沒動力去調整什麼細部筆刷控制選項，畫一畫又要調來調去，實在不順手。人說畫圖靠功底，不依賴軟體功能，才可以通向各種軟體，不管用什麼工具，我們都能畫。

二、筆刷調整

在厚塗技法中，最核心的部分就是透過堆疊顏色，達到我們想要的結果，我們大致可以把它分成兩個階段。一個是砸顏色的階段，這是最舒壓的部分，你會感受到靈魂深處的野性呼喊，我就是這樣愛上厚塗的。另一個階段就是塗抹階段，指的就是把顏色推開抹平，做出漸層的感覺。

第一階段沒問題，拿出你最硬的畫筆就對了。而到了第二個階段，你要把顏色推開抹平，讓不同顏色能夠相互融合，就就需要軟一點的筆刷了。而且，我們順便回想一下前面的章節，這不就是我們畫水彩技法時，所使用的筆刷嗎？趕快依據個人使用的軟體與手感，調整好透明度、濃度以及其他數值，讓你的顏色能抹出相融合的感覺。

第一階段

第二階段

此外，分享幾個小心得。厚塗技法用的筆刷，不需要讓顏色相融得太平滑，如果你要的是塗抹過的感覺，而不是渲染的感覺的話。以此，我們可以再延伸出另一個心得，畫厚塗技法越髒越隨興，整體畫面就越有味道。偶爾抹點顏色，偶爾留點筆觸，追求的就是一種暢快！這個我們稍後會再細談。

砸上顏色

一、開出色票

在繪畫之前，我們依然先開出我們的色票。明度（V / B）的範圍控制在 25（10%）– 230（90%）之間，而飽合度（S）也控制在 25（10%）– 230（90%）的範圍之間。每個顏色的由亮轉暗，大概抓三到五個變化就可以了，不需要太多。而像我這樣的懶鬼雖然色票抓五個，但真正在畫時只會用到三個。值得一提的是，中間色調的顏色在沒有特殊需求時，盡量集中在檢色器中間。這個區間的顏色比較濁，會更加接近自然色彩。

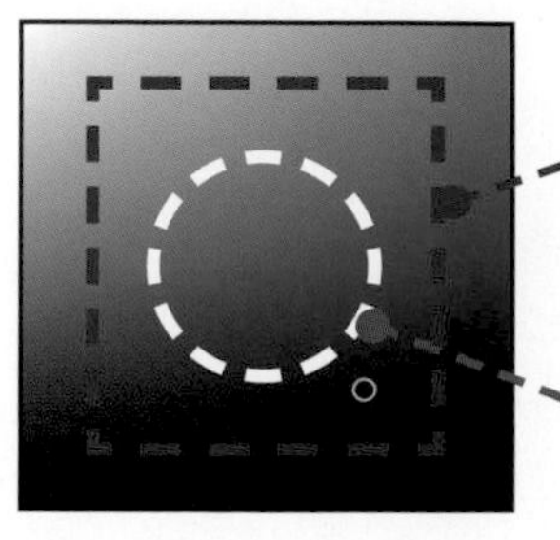

全色彩範圍：
明度（V / B）：25（10%）– 230（90%）
飽合度（S）：25（10%）– 230（90%）

中間色範圍：
集中在檢色器中間

這時後需要畫剪影嗎？我的經驗是可以畫，也可以不用畫，全看你個人的作畫習慣與熟練度，但是拆分圖層還是必要的。而我自己在畫厚塗時，是不會畫剪影的，甚至也不會修線稿，只要有草稿就可以直接上了。

簡單線稿

線稿試色

二、初次上色

畫厚塗的時候，筆刷由硬畫到軟，記住這個流程你會畫得很快，而且樂在其中。但是這也很要求繪師們，對色彩和光影要有判斷的準確。這就是將此技法放在最後跟大家分享的原因。

在第一層的底色，我們使用硬筆刷，把選好的顏色直接砸上去就對了，但這裡砸的顏色，不包含高光的顏色唷！高光向來留到最後再處理。在這個階段，你可以想像成你在畫動漫技法，只是顏色多了一點。把顏色直接丟到它應該存在的地方，亮色砸在亮光區，暗色抹在陰影處。至於層次變化，就是由暗到亮的顏色疊出來的。

那可能會有小夥伴要發問了，我到底是要先砸亮色，還是先砸暗色呢？這個問題好！在水彩技法中，顏色越畫越暗，所以我們先畫亮色，你可以說水彩技法，是建立在描繪影子這件事上。而厚塗技法剛好相反，先畫暗色，然後越畫越亮，所以它是以描繪光為主的畫法。

以往在手繪中這樣子畫，是受限於顏料的透明或不透明，而在電繪中則沒有這種限制。你喜歡顏色怎麼蓋，就可以怎麼蓋，不需要擔心壓不住底下的顏色。但在電繪的流程中，我們也會一定程度的遵循這樣的原則，讓我們繪畫的流程不至於混亂。

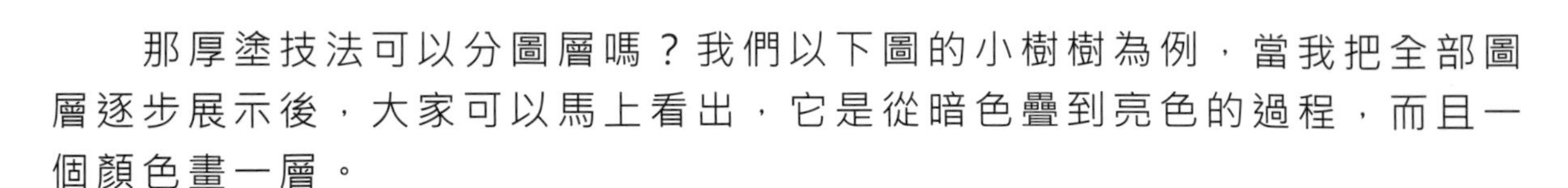

那厚塗技法可以分圖層嗎？我們以下圖的小樹樹為例，當我把全部圖層逐步展示後，大家可以馬上看出，它是從暗色疊到亮色的過程，而且一個顏色畫一層。

啊咧？那剛剛不是說要全部砸在同一個圖層嗎？怎麼又說要分開了？其實這個問題很簡單，如果你要畫的主體不需要塗塗抹抹推漸層，而且色彩層次分明線條俐落，那麼就分層處理。這樣可以增加調整空間，讓你有較高的容錯。又或是，有些地方需要分開處理個別繪製，例如主體和背景，這個時後也會分開到不同的圖層去。

如果你需要塗抹漸層的話，那麼就全部砸在同一個圖層吧！原因是上層的圖層會蓋住下層，再經過塗抹之後，分層處理的意義就不太大。除非你是要繪製遊戲中的圖，而且之後要做差分或是補丁 XD

初版造型

二版造型

又或者是，你可以回憶起我們在前面的技法中，把光和影子分開處理的概念。先畫好中間色調，然後把光、影子分開到其他圖層，在其他圖層中再做進一步的處理，如下圖。

基本顏色

影子顏色

光線顏色

依照上面的邏輯，我們可以延伸出另一個結論。就是當你所要繪製的主體上面有花紋、斑紋或任何圖案樣式時。這一部份我就會建議你，特別拆分到另一圖層去進行個別處理，好處多多。

第一層色

第二層色

第三層色

繪製鱗片

三、二次細修

到了這一步，我們要換上軟一些的筆刷，把顏色推開抹平，讓不同的顏色能夠相互融合。在這一步中，你也可以加入材質筆刷，開始作質感的描繪。

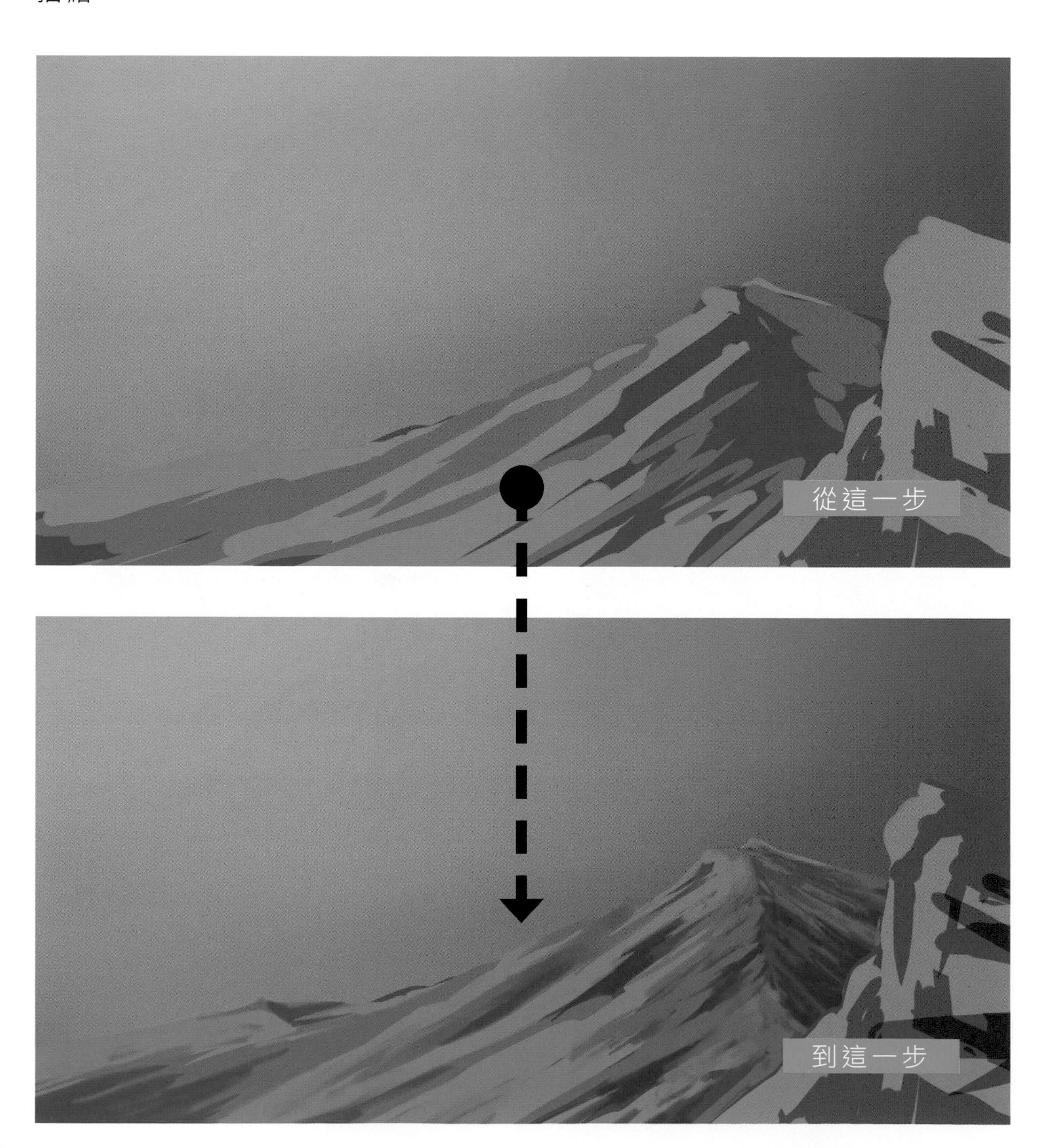

在這裡塗抹顏色有個小技巧，當 A 顏色抹向 B 顏色時，你會發現兩個顏色之間會產生一個顏色的過渡。這時後我們就可以用滴管工具，吸取這個過渡帶的顏色，然後繼續塗抹。以這個方式完成之後的繪製，你會發現厚重的塗抹感開始出現了！感動不~

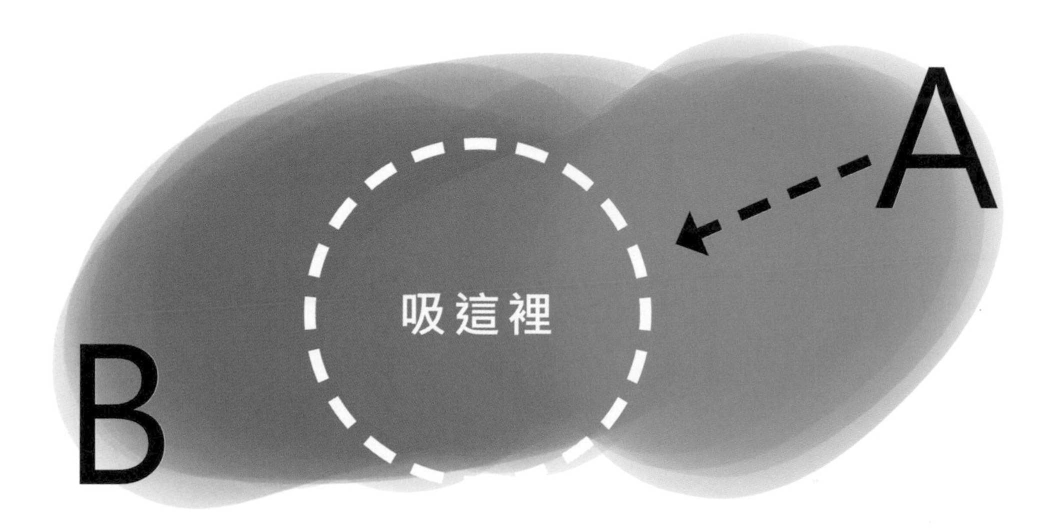

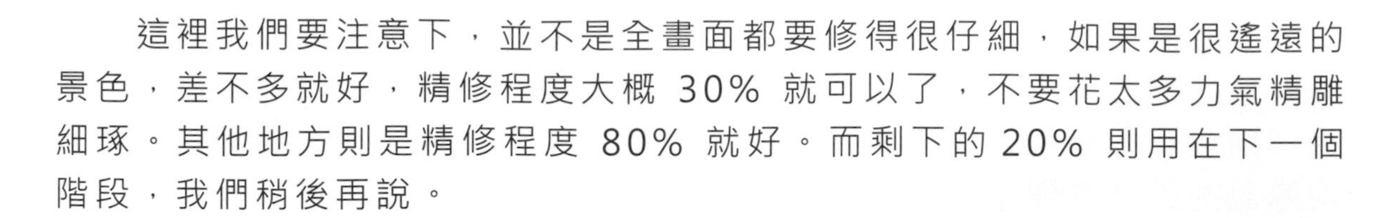

這裡我們要注意下，並不是全畫面都要修得很仔細，如果是很遙遠的景色，差不多就好，精修程度大概 30% 就可以了，不要花太多力氣精雕細琢。其他地方則是精修程度 80% 就好。而剩下的 20% 則用在下一個階段，我們稍後再說。

此外，在這一種技法的操作下，你會發現好像用不太到擦子。因為任何顏色，都可以被另一個顏色覆蓋過去，所以放膽畫吧！沒有什麼畫錯這回事！

四、三次精修

在這個階段，我們要補完剛才剩下的 20%，這裡藏著一個相當重要的原理。如果你的整張圖、整個畫面都是精雕細琢，那請問哪裡是重點？你的焦點在裡裡？或是我換個方式問，你希望觀看者的第一眼，會把視線焦點放在哪裡？這個問題跟構圖有關係，影響了畫面的景深和焦點，更重要的是還影響了繪師們的作畫速度。

永遠要記得，只把百分百的力氣用在焦點上！

你要學著放掉會混淆焦點的細節，這能幫助你創造出良好的情境氛圍，提升作畫速度。全畫面 360 無死角細刻絕對不是好事，頂多稱讚好厲害、好有耐心、很細緻，但是絕對談不上很好看。這種全方位細刻的方式，很容易會造成審美疲勞，讓你的作品不耐看！

所以！找出畫面中的重點或焦點，然後再精緻化，補完這最後的 20% 吧！致於焦點在哪裡？如何營造出焦點？大家就要努力點滿構圖的技能囉！繪師們！我們要讀的書還有很多很多的，我的前東家讓我深刻體認到這一點，我很感謝他。我想這就是匠與師之間的差異了，我們一起努力精實~

五、最後微調

在這最後的階段，我們要做的事就是，修飾整體光影，然後畫上高光。

先在所有圖層的上方，新增一個新的圖層，然後把混合模式改成色彩增值。這一層我們要用來調整整體陰影。筆刷放大、調軟調柔、選用陰影色把顏色不夠深的地方掃一掃，增加整體的立體感。如果不小心顏色畫深了，那就老辦法，把透明度降低就可以了。

接著，一樣在最上面新增圖層，使用與上一層一樣的筆刷設定，這次我們要來修整光。如果你想要畫出光之軌跡（光線）的話，可以畫在這一層。選用光的顏色，把需要調整的亮光區修整修整。

而這層的混合模式，使用具有變亮效果的混合模式都可以，有時後也會使用覆蓋（或是重疊）。如果出來的效果太亮的話，一樣調整透明度即可。

最後的最後，我們要來點出最亮的高光。在最上面開一個全新圖層，使用具有變亮效果的混合模式，然後把畫面中最亮的亮點勾勒出來即可。有時後也會不使用任何構成方式，單純以顏色去繪製，全看當下的需求。完成這一步就大功告成了！

厚塗技法當然也可以很王道地，一個圖層從頭畫到結束，就像手繪那下筆定生死。但其實我並不推薦這樣做。為什麼呢？假設你的客戶之後跟你說，哪個地方需要再修改，你不就哭死 XD

所以，不要給自己找麻煩。至少你得要把物體和背景分開吧！

NEXT

第七章 - 混合技法速攻略

Compound Technique

灰階、動漫、水彩、厚塗
混出新風貌

混合技法

透過以上章節中的經典技法，~~好像被摧殘了一輪~~經過了一段大冒險。每一種技法都有它的核心技巧，而這些技巧都能夠提取出來再組合，變化出更多美妙的新技巧，我想這就是電繪真正的迷人之處，它變幻萬千總能帶給我更多的驚奇。直到今日，我仍然經常與朋友們一同探討新的可能，並且樂此不疲！我們共同的繪師宣言是：永遠現役。

技法總結與可能性

一、灰階技法的變革

學光影 / 素描繪製、明暗對比、分層加強

在灰階技法裡我們學到了繪畫的基礎，也就是素描。也理解到這是本技法中光影、質感的主要來源。但是，素描只能是素描嗎？如果你真的這樣想，那我只能說：騷年（女）你太天真啦！

一樣是素描基底，我們也可以改成用水墨畫的方式，或是厚塗的方式來描繪這層基底圖層。那麼，既然厚塗都可以用上了，乾脆就來個動漫風的賽璐璐式素描又有什麼問題呢？你說是吧！我們說最底下這層素描是「光與影的描繪」。所以，當你抓到這個重點後，你的畫法就有了千萬種變化的可能。

厚塗素描

略做上色

甚至，我們也可以就所畫的主體預做判斷，拿其他顏色來當作基礎素描的顏色（單色系的明度變化）。這樣一來，我們就可以把水彩技法給搬出來應用，並在後續上色時，加上埋色的手法來進行處理。不管如何怎樣變化，大家可以發現，我們依然沒有脫離畫「光影素描」這個核心對吧！

藍色素描

水彩上色

二、動漫技法的變革

學線條 / 線稿繪製、賽璐璐風、層次營造

這個技法的核心有兩個，一個是賽璐璐，另一個則是線搞。其中最關鍵的部分在於賽璐璐的處理，當然你喜歡叫它正負形也是正確的，無要緊的事。而在這個技法中，就算拿一樣的線稿上色，也會因為選色、賽璐璐層次和陰影切法的不同，而呈現出完全不同的差異，可以說它能用來展現出極大的個人風格。

那麼可能有小夥伴要發問了，那線稿呢？之前練得死去活來的線稿呢？其實有時候，會因為風格和所需要的視覺呈現，而刻意移除線搞。這時候你可以發現，好像又有一點厚塗的味道出來了！沒錯！你的直覺是對的！當你把顏色再細分後，你根本可以直接加入厚塗的技巧，這個介於兩者之間的畫法，可以在繪製概念稿的時候迅速完成。

另外，在保留線稿的情況下，我們也能為線稿換上不同的顏色，甚至和陰影同一種顏色，都可以做出非常有特色的效果。

　　如果我想要跟水彩技法相結合呢？這也是可行的！就像以往的漫畫家那樣，把線稿給整得很精美，然後再利用水彩或是其他的媒材來進行上色。這樣一來你就會把心思，放在線稿的繪製上，就像前面章節中說的，光是線稿的繪製方式就有五花八門（不是指造型唷！），都代表著繪師的個人特色。

原始線稿

水彩上色

三、水彩技法的變革

學層次 / 疊出影子、渲染埋色、空氣透視

除了上面所分享的結合方式之外，水彩技法本身就有相當多的變化，例如你不會覺得水墨畫和西式水彩畫是一樣的東西，但它們都可以歸納在水彩技法之下。

在前面章節中，我們所分享的繪畫方式是，在所有圖層的最下面先畫一層剪影當作基底，用以維持全滿的透明度，然後我們才在這之上開始各種染色。

那如果我把最下面這層剪影抽掉不用呢？事情就有趣了！就好像手繪那樣一層一層畫。這樣一來，有的地方因為疊了很多層，所以變得不透明；又有些地方，因為疊的層次不多，所以看起來是半透明的。在這樣的畫法之下，畫面會看起來更有晶瑩剔透的感覺，很適合用在繪製言情小說的封面，或是用來描繪古典美人 XD

原始線稿

水彩上色

還有一種變化更有趣，這也是目前看到的許多年輕一輩繪師，他們所喜愛的繪畫方式。這種方式不強調在渲染這件事上，更偏向用顏色來堆疊，有點像是傳統手繪中，乾筆畫法的意思。一看就知道，水總是加不夠（XD）。這種畫法畫出來的畫面，就會帶著厚塗的味道。你也可以笑說，其實是懶惰病發作，不想多搓兩筆來渲染，但也確實畫出了相當出色的效果，有了不同於以往的面貌。

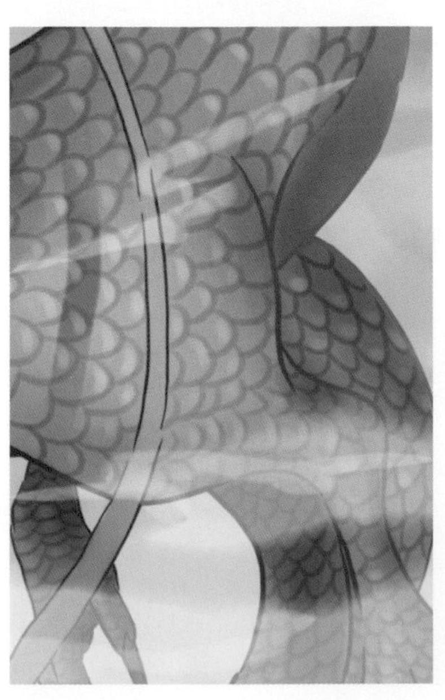

四、厚塗技法的變革

學色彩 / 細節質感、收放自如、抹出光采

厚塗技法這一種放飛靈魂的繪畫方式，到底能畫多厚？要怎樣才能厚起來？分享給大家幾個關鍵原因。筆刷越硬、漸層越少、顏色疊越多，畫出來的效果也就越厚，你幾乎可以把它想像成是加強版的賽璐璐。

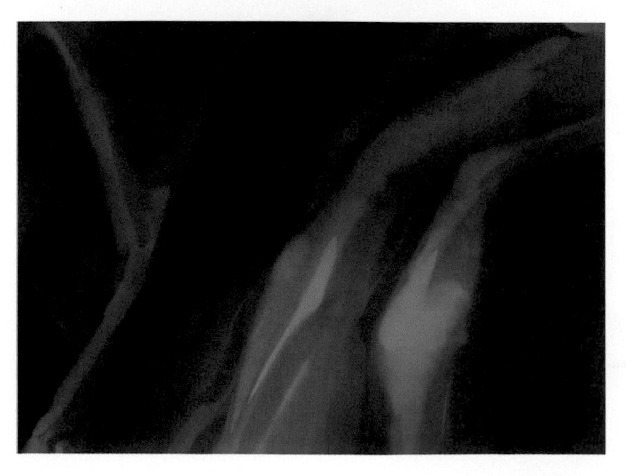

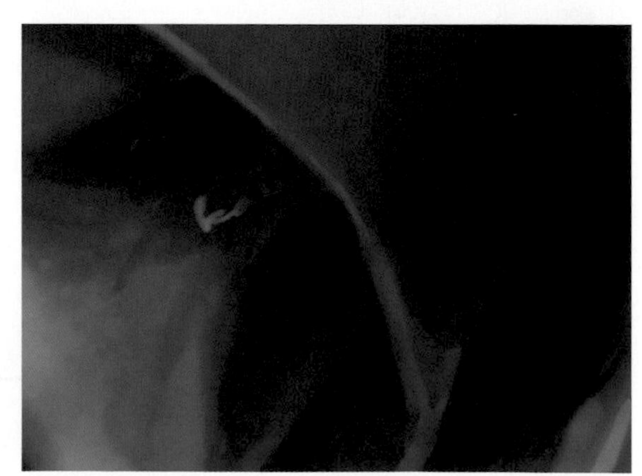

又或者是，你也可以換一種溫柔的方式來畫厚塗技法。只要把握好不透明的疊色原則，你也可以嘗試使用水彩筆刷來進行渲染，抹出漂亮而流暢的顏色漸層。這樣一來就可以畫出像文藝復興時期，那種典雅韻味的作品。換另一個角度來說，就是有顏色的素描。

五、學著不按套路走

記得以前，我的前東家跟我說過：「你要練到有辦法一小時一張概念原畫（含背景）！」

那時覺得這目標好像很遙遠，後來發現。只要往握了幾個要點，在加上外國繪師最喜歡的影像處理（邪道妖術 XD），這似乎不是一件不可能的事情。畢竟社會變遷，凡事講求效率。如果你能在高水準的前提下，提升至高速度，那相信能在業界如魚得水。

那怎麼樣才能做到捏？就是針對你想要呈現的結果，選擇適合的技巧（不是技法唷！），刪去其他不是重點的部分，這樣就能做到。由此可知，畫圖要進步要畫的好，不能只靠感覺來畫，你必須開動腦筋去思考，才會有所突破及創新。而唯一不變的，就是要多畫。

說了這麼多，我只想分享心得給各位繪師，或是未來的準繪師們，畫圖是有著各種可能和組合的。你得在這其中找到一種屬於你的風格，然後樂在其中。對繪畫有熱情做一個「好玩」的人，我想這就是最棒的了！

嘿！甩開這本書，我們來畫圖吧！

後記 - 來畫圖吧！

Postscript

這本書獻給一路上支持的大家

END

寫下你的秘笈